中等职业教育国家规划教材（电子电器应用与维修专业）

全国中等职业教育教材审定委员会审定

电子电器应用与维修概论

（第3版）

廖 爽 郑 严 主编

电子工业出版社

Publishing House of Electronics Industry

北京·BEIJING

内 容 简 介

本书是在 2004 年版《电子电器应用与维修概论》的基础上，依据教育部制订的中等职业学校《电子电器应用与维修概论教学大纲》编写的，是面向 21 世纪中等职业教育国家规划教材之一。本次编写增加了新的电子电器技术和产品，充实了新的内容。

本书介绍了电子电器应用与维修的基本知识和基本技能。主要内容有家用电器基础知识，典型家用电器产品：洗衣机、微波炉、电冰箱、电磁炉、消毒柜等；音、视频产品的基本知识，典型音、视频产品：彩色电视机、VCD、LD、DVD、家庭影院、数码产品等；办公自动化类产品的基础知识，典型办公自动化产品：微型计算机、复印机、打印机等；还介绍了网络技术的基础知识。

为了加深对教学内容的理解，巩固学习内容，提高实际应用的能力，书中安排了与理论内容相关的实践操作实例和维修故障分析，同时在最后一章安排了综合实践；在每章内容后面均附有练习题与思考题。本书注重培养学生的应用能力，力求通过知识的传授为学生夯实基础，同时提高学生的综合能力。

本书还配有电子教学参考资料包，内容包括电子教案、教学指南及习题答案，详见前言。

图书在版编目（CIP）数据

电子电器应用与维修概论/廖爽，郑严主编. —3 版. —北京：电子工业出版社，2014.4
中等职业教育国家规划教材. 电子电器应用与维修专业
ISBN 978-7-121-22690-8

Ⅰ. ①电… Ⅱ. ①廖… ②郑… Ⅲ. ①电子器件－维修－中等专业学校－教材②日用电气器具－维修－中等专业学校－教材 Ⅳ. ①TN07②TM925.07

中国版本图书馆 CIP 数据核字（2014）第 055254 号

策划编辑：杨宏利
责任编辑：杨宏利
印　　刷：北京盛通商印快线网络科技有限公司
装　　订：北京盛通商印快线网络科技有限公司
出版发行：电子工业出版社
　　　　　北京市海淀区万寿路 173 信箱　邮编 100036
开　　本：787×1 092　1/16　印张：11.25　字数：288 千字
版　　次：2004 年 2 月第 1 版
　　　　　2014 年 4 月第 3 版
印　　次：2022 年 6 月第 9 次印刷
定　　价：25.00 元

凡所购买电子工业出版社图书有缺损问题，请向购买书店调换。若书店售缺，请与本社发行部联系，联系及邮购电话：（010）88254888，88258888。

质量投诉请发邮件至 zlts@phei.com.cn，盗版侵权举报请发邮件至 dbqq@phei.com.cn。

本书咨询联系方式：（010）88254592，bain@phei.com.cn。

中等职业教育国家规划教材出版说明

为了贯彻《中共中央国务院关于深化教育改革全面推进素质教育的决定》精神，落实《面向 21 世纪教育振兴行动计划》中提出的职业教育课程改革和教材建设规划，根据《中等职业教育国家规划教材申报、立项及管理意见》（教职成[2001]1 号）的精神，教育部组织力量对实现中等职业教育培养目标和保证基本教学规格起保障作用的德育课程、文化基础课程、专业技术基础课程和 80 个重点建设专业主干课程的教材进行了规划和编写，从 2001 年秋季开学起，国家规划教材将陆续提供给各类中等职业学校选用。

国家规划教材是根据教育部最新颁发的德育课程、文化基础课程、专业技术基础课程和 80 个重点建设专业主干课程的教学大纲（课程教学基本要求）编写的，并且经全国中等职业教育教材审定委员会审定。新教材全面贯彻素质教育思想，从社会发展对高素质劳动者和中初级专门人才需要的实际出发，注重对学生的创新精神和实践能力的培养。新教材在理论体系、组织结构和阐述方法等方面均进行了一些新的尝试。新教材实行一纲多本，努力为教材选用提供比较和选择，满足不同学制、不同专业和不同办学条件的教学需要。

希望各地、各部门积极推广和选用国家规划教材，并且在使用过程中，注意总结经验，及时提出修改意见和建议，使之不断完善和提高。

教育部职业教育与成人教育司

前　言

　　本书根据教育部颁发的中等职业学校电子电器应用与维修专业《电子电器应用与维修概论教学大纲》编写。

　　《电子电器应用与维修概论》是电子电器应用与维修专业的专业基础课程，它的任务是：使学生具备高素质劳动者和中、初级专门人才所必需的电子电器应用与维修方面的基本知识和技能。为学生学习专业知识、专业技能，提高全面素质，增强适应职业变化能力和继续学习的能力，培养学生的创新能力打下基础。本书在编写中以提高学生全面素质为基础，以培养学生的应用能力为重点，力求通过知识的传授为学生夯实基础，同时提高学生的综合能力。

　　为了紧扣大纲要求，降低知识的难度，本书从面向 21 世纪中等职业教育国家规划教材推行的教学大纲要求出发，紧扣大纲；注意知识从已知到未知的自然转化；减少理论的分析，从日常生活出发，讲解日常生活中经常接触的电子电器产品。主要了解产品的历史、现状和未来的发展，对产品形成与发展形成整体的认识。

　　根据教学大纲要求，完成本课程教学需要 40 学时。考虑到知识的衔接，便于教师讲解和学生自学，本书在内容编排上对教学大纲的内容顺序进行了调整、组合，但涵盖了教学大纲的各项要求，如实践环节放在书的最后，单独设立了一章。为了更加满足读者阅读和学习的方便，本书的版式设计所采用的字体和字号都尽量征求读者意见，特别感谢有关院校教师给我们提出的宝贵意见。

　　本书由北京市电子信息学校廖爽和大庆职业学院郑严任主编，廖爽编写了第 1～4 章，郑严编写了第 5～7 章及附录。由于编者水平有限，难免有所疏漏，敬请读者批评指正。

　　为了方便教师教学，本书还配有教学指南、电子教案及习题答案（电子版），请有此需要的教师登录华信教育资源网（http://www.hxedu.com.cn）下载或与电子工业出版社联系，我们将免费提供。

编　者
2014 年 1 月

目 录

绪　　论

　　家用电器是将电能转换成机械能、热能或其他形式能量的一大类电器、设备的总称，主要用在家庭或类似家庭（如幼儿园、保健室、福利院等）的场合中。

　　随着社会的进步，目前的家用电器早已远远超出了家庭范围，广泛地应用到了日常生活的许多领域，如饭馆、学校、医院、食堂、办公室等。因此，家用电器也常常被形象地称为"日用电器"。

　　一般认为，20 世纪初电熨斗在美国大量生产并投放市场，标志着家用电器时代的正式来临，美国也由此成为世界家用电器工业的发源地。在经过迅速的普及与发展之后，到第二次世界大战爆发以前，意大利、德国、英国、法国等欧洲国家以及日本的家用电器工业已具备了相当的规模，一批拥有先进生产技术与雄厚经济实力的大型家电企业应运而生。

　　二战期间由于战争的影响，世界家用电器工业不同程度地受到了战争的影响而处于停产或半停产状态，未能得到进一步的发展。随着战后各国经济的复苏，在短短的几年内，家用电器工业便得以迅速恢复、壮大。特别是在 20 世纪 50 年代，以晶体管为标志的电子工业的崛起，为家用电器工业的发展开拓了一个崭新的空间。在此期间，收音机、黑白电视机、全自动化洗衣机等家电产品相继问世，标志着世界家用电器工业第一次发展高潮的到来。在 20 世纪 60 年代，家用空调器、彩色电视机等产品的出现，使家用电器逐步开始从普及型向高档型过渡。与此同时，各类家电产品的质量、寿命均有了较大幅度的提高，而价格反而降低了许多。在这个时期，不少国家（特别是日本）家电生产的年增长率曾高达 20% 以上。

　　从 20 世纪 70 年代末 80 年代初开始，随着微电子技术的迅猛发展以及集成化技术、智能控制技术在产品中的广泛应用，家用电器进入了前所未有的高速发展阶段。大批功能多样、安全可靠、使用方便、价格低廉的新产品逐步落户寻常百姓的家庭，极大地改善了人们的物质与精神生活质量。其间的典型产品包括摄像机、录像机、微波炉、电子游戏机、全自动洗衣机、电冰箱以及各种家用保健治疗仪器等。在这个时期，不少第三世界国家的家用电器工业开始得到了发展，其中比较突出的有巴西、韩国、泰国、菲律宾以及中国的台湾、香港地区。

　　由于历史的原因，我国家电工业发展的时间短，工业基础相对薄弱。1978 年以前，我国的家电工业除了电风扇、电熨斗以及民用灯具的生产稍具规模，单门电冰箱的生产略有基础以外，其余家电产品的生产几乎都是空白。直到 20 世纪 80 年代中期，我国的各类家电工业才开始有了较大的发展。1988 年中国的电风扇、电熨斗、电饭煲、洗衣机等家电产品年产量已跃居世界首位。近几年来，随着国内市场经济改革的进一步深化，大批家电企业集团的组建，促使我国的家用电器工业进入了一个良性的发展阶段，许多科技含量高、产品附加值高、经济效益高的"三高"产品逐步占领了国际、国内市场。家用电器之所以得到如此迅猛的发展，是与它在人民生活与国民经济中的重要作用分不开的。家用电器的广泛使用，可以大大减轻家务劳动的强度和节省时间，同时还起到了改善生活环境、调剂人们精神生活的作用。各类家用电器作为家庭生活电气化、现代化的物质基础与根本手段，正成为人们生活中不可缺少的重要组成部分，改变着人们的生活质量与生活习惯。

家用电器工业在国民经济中起到了积极、健康的作用，在各国国内生产总值中所占的比重越来越大，受到各国政府的普遍重视。

在新世纪里，科学技术的迅速发展，集成电路尤其是大规模集成电路的大力开发和广泛应用，使人类进入了数字化时代。数字技术已经渗透到各个领域，一些原来是供专业部门使用的产品进入了家庭，如：数字摄像机、数码照相机、数字电视机、数字计算机等。特别是计算机的普及，已经成为家电产品的一部分，同时与其相关的系列产品也开始进入家庭，包括扫描仪、数字照相机、手写输入设备、输出设备等。传真机和复印机等办公用品在家庭的广泛应用，也使家庭办公自动化变成了现实。同时使一些办公用品也成为家电产品的一部分。

第 1 章

家用电器基础知识

1.1 家用电器产品的分类

经过 100 多年的研制与发展，家用电器的生产已经形成了一套独立、完整的体系，目前世界各国的家用电器产品已达数百种之多。但由于历史的原因及各国自身的习惯不同，国际上对家用电器至今仍未形成一个统一的分类标准，如美国、德国等一些国家是按照家电产品的复杂程度进行分类的，而日本则是按照家电的用途进行分类的。我国一般是按照家电产品用途或能量的转换方式进行分类的。

1.1.1 按照能量转换的方式分类

这种分类是按照电能被转换成的不同结果来对家用电器进行的。

1. 电热设备

电能转换为热能的家用电器，主要通过各类电热器件来完成电能与热能的转换。比较典型的电热器有电熨斗、电饭煲、电热毯、电取暖器。

2. 电动设备

电动设备是将电能转化为机械能，并且直接利用此能量来为人类服务的家用电器。一般来说，凡是带有电动机的设备均能完成电能向机械能的转换，如洗衣机、电风扇、真空吸尘器、电动开罐器、水果榨汁器等。

不过，有些带有电动机的家电产品对产生的机械能还要进行转换，使人们最终利用到的是经二次转换后的能量，而并非电动机直接产生的机械能。对这些家用电器应该按照产品的最终功能来进行分类，例如，电冰箱属于制冷设备而不是电动设备。

除了电动机以外，有些压电器件也可以完成电能向机械能的转化，如家用按摩椅垫便是属于电动设备。

3. 制冷设备

凡是能获得制冷效果的家用电器均可列为制冷设备。制冷设备利用制冷装置产生低温环境。这类家用电器的能量转换形式有很多种，如消耗电能获得制冷效果（压缩式冰箱、空调及半导体式冰箱）；消耗热能获得制冷效果（吸收式冰箱）；消耗化学能获得制冷效果（化学冰箱）。目前使用最广泛的制冷设备包括各种冰箱、空调、饮水机、制冰机等，它们都是通过直接消耗电能来获得制冷效果的。

4. 照明设备

照明设备是将电能转换为光能的家用电器。照明设备通过各类电光源来完成电能与光能的转换，其典型产品如白炽灯、荧光灯、碘钨灯等。

1.1.2 按照用途分类

按能量转换的方式进行分类，能够让我们对家用电器的能量转换过程非常清楚，因此这种分类方式比较适合各类专业化生产及科学研究。但是，按能量转换的方式分类具有相当大的局限性，许多现代家用电器因同时存在多种形式的能量转换，造成了这些产品在分类时不能获得准确的定位。例如，全自动洗衣机除了在洗衣时存在电能与机械能的转换外，在干衣时也有电能与热能的转换；录音机既有电能与声能的转换，同时也有电能与机械能的转换。为了更加科学、准确地分类，更多的时候我们是按照产品的用途来对家用电器进行划分的。

1. 取暖设备

取暖设备是用来提高房间的温度或提高与人体相接触的物体的温度，如电热毯、电热油汀、电热靴、暖手器、空间加热器等。

2. 制冷设备

制冷设备指的是通过人工的方法获得低温以存储物品或降低物品温度的家用电器，如电冰箱、饮水机、冷冻机、冰淇淋机等。

3. 空调设备

广义的空调设备包括调节室内温度与湿度、加速空气的流动以及将室内的污浊空气排到室外的家用电器。常见的产品有空调器、换气扇、抽湿机、电风扇、空气加湿器、空气净化器等。

4. 厨房设备

厨房设备可用来准备食物、清洗餐具、烹调食品，如绞肉机、洗碗机、微波炉、电饭煲、水果榨汁机、电子消毒柜、家用净水器等。

5. 清洁设备

清洁设备是指对个人与环境卫生进行清理或清洗的家用电器，如洗衣机、真空吸尘器、抽油烟机、电热水器等。

6. 美容与保健设备

美容与保健设备是用来进行个人容颜修饰或身体保健的电器产品，如电吹风、电动剃须刀、电动按摩器、负氧离子发生器等。

7. 熨烫设备

熨烫设备是用来对各类针纺织物进行平整处理的家用电器，典型产品有电熨斗、熨边机、小型熨平机等。

8. 照明设备

照明设备主要用于室内照明或家居装饰，如吊灯、壁灯、夜间长明灯、音乐彩灯、应急灯等。

9. 娱乐设备

娱乐设备可以缓解使用者工作、学习上的压力，达到身心舒畅的效果。另外，现在很多的娱乐设备还可以用来提高婴幼儿的智力水平。常见的产品有电子游戏机、电动玩具、电子乐器等。

10. 音像设备

音像设备主要指的是用来产生音响与视频效果的家用电器，这类产品在家庭中的拥有量非常大，如收录机、电视机、录像机、影碟机等。

11. 安全设备

安全设备是对人们的家居生活或家庭财产提供安全保护的一大类家用电器，如电子门锁、火灾预警器、漏电保护器等。

12. 其他设备

上述 11 种分类之外的家用电器都归属于这一类，如电子门铃、石英钟表、电子充电器、声光控开关、电动自行车等。

1.2 家用电器产品概况

1.2.1 电热设备

按照电热转换方式分类的电热设备，实现加热的方式有电阻加热、感应加热、远红外式加热和介质加热。

1. 电阻加热方式

这是一种最常用的电热转换方式。当电流通过具有电阻的电热材料时，电热材料便会消耗电能使电热材料本身产生热量并散发出来，供人们使用。作为一种主要的电热方式，即电阻加热方式在目前的家用电器中仍在广泛地应用。

（1）直接电阻加热。直接电阻加热是将电流直接通过被加热的物体，利用物体自身所具备的电阻来产生热量。这种加热方式实现起来比较容易，只需将被加热物体接上电源，通电后即可进行加热。

凡是能够采用直接电热法来进行加热的物体，首先要求该物体本身应具有一定的电阻值，如果该物体的电阻值太小（电的良导体）或太大（电的绝缘体），均不适宜采用直接电热法；其次，采用直接电热法进行加热时还要求被加热物体的温度系数比较稳定，否则在高温加热时容易引起事故。总的来说，直接电热法的局限性较大，其应用范围是非常有限的。

早期的产品中，快热式电水龙头、盐液式电热蒸汽熨斗都是应用直接电热法进行加热的电热设备，它们均是利用水（或盐水）自身的电阻，在电流通过时所发出的热量来对水进行加热的。但是由于其自身局限性和安全性等问题，这些产品已经被淘汰或禁止使用。

（2）间接电阻加热。与直接电阻加热不同，在采用间接电阻加热时，电流流过的回路并非是被加热的物体本身，而是另一种用专门材料制成的电热器件。电热器件在电流流过时产生的热量再经辐射、传导或对流三种方式传递给被加热物体，以达到加热的目的。目前，绝大多数电阻式电热设备均采用这种电热方式进行工作。

虽然热传导过程中存在的各种损耗导致间接电阻加热的热效率降低了10%～25%，但间接电热法的安全性与可靠性却因此有了较大幅度的提高，从而在各类家用电热设备中得以广泛使用。

电熨斗、电饭煲、电饼铛、电炒锅、电火锅等都是间接电阻加热的产品，早期的产品由于没有温度控制元件，因此产品的使用很不方便。随着温度控制元件（双金属片）和电子控制元件（功率控制元件和时间控制元件）的广泛应用，电热产品的安全性能、使用方便性能得到极大的提高，这些产品也得到了迅速的发展。

电熨斗由一般的普通电熨斗发展出多种多样的产品，如调温电熨斗、PTC恒温电熨斗、蒸汽式电熨斗、喷气喷雾型电熨斗等。

调温型电熨斗是在普通型电熨斗的基础上加装调温器和指示灯构成的，如图1.1所示。调温器一般为双金属片调温器，通常安装在底板的中心部位。当电熨斗接通电源时，双金属片平直，动触点相接，指示灯亮，电流流过电热元件，底板温度上升。当底板温度上升到一定限值时，双金属片弯曲到使动、静触点分离。由于调温器串联在电热元件电路中，所以此刻电热元件断电，指示灯熄灭，电熨斗底板温度开始下降。随着底板温度的下降，双金属片又逐渐恢复原状，两触点又重新接触，指示灯再次发亮，电热元件再次被通电加热。如此反复循环，使电熨斗的工作温度保持在一定的范围内。若需调节温度，只需通过调温旋钮来改变静、动触点间的压紧力即可，确保熨烫的质量。

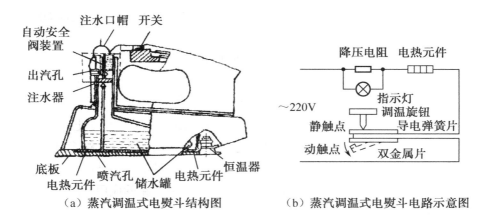

（a）蒸汽调温式电熨斗结构图　　　（b）蒸汽调温式电熨斗电路示意图

图 1.1　蒸汽调温式电熨斗

2. 感应加热方式

在高频电磁场中导体会产生感应电流，这个感应电流在导体内流动时因克服内阻也会产生涡流热能。如果把这些热能释放出来，便可供人们使用。感应加热方式有铁心式感应加热与无铁心式感应加热两种基本类型。

（1）铁心式感应加热。适用于被加热物体本身内阻较小的场合，它将被加热物体直接安装在变压器的二次侧绕组上，作为变压器的负载。根据变压器的工作原理我们知道，当变压器的一次侧绕组通电以后，匝数很少的二次侧绕组中将感应出很大的电流，当该电流流经被加热的物体时产生大量热量，便实现了快速加热。

在进行家电维修时，通常使用的感应式电烙铁便是铁心式感应加热的代表产品。这种电烙铁在通电后短短 10s 内，烙铁头的温度就可以达到 240℃以上，升温速度相当快。

（2）无铁心式感应加热。将被加热的物体置于交变磁场中，利用物体内部感应出的电流（俗称涡流）在流动过程中所产生的大量热能来进行加热。这类电热设备的热效率一般可达到 75%以上。

电磁灶、电磁炉作为实用炊具是 1971 年由美国西屋公司首次研制成功的，是典型的无铁心式感应加热设备。到 20 世纪 80 年代，电磁炉的各项技术日臻成熟，使其成为能与其他家用电器产品相媲美的成熟电子产品，并以很快的速度向家庭普及。日本在 1981 年开始向家庭普及电磁炉。据日本电动机工业协会 1987 年发表的统计资料表明，1985 年和 1986 年，日本的电磁炉产量分别为 13.3 万台和 10 万台，发展前景比较乐观。我国电磁炉的研制工作大约从 20 世纪 80 年代开始。1984 年 9 月中国科学院自动化研究所和北京机械工业自动化研究所先后推出我国第一代高频电磁炉。此后，国内许多厂家都在研制和生产电磁炉。目前，日本已研制开发出用微机编程自动控制的智能化电磁炉，以及可加热铝锅或铜锅的新式电磁炉。电磁技术的发展在不断完善电磁炉的功能结构，使整个烹调过程自动化、智能化，使电磁炉更为小型化，以便跟其他现代炊具组合配套，并且尽可能地扩大容器的使用范围。

电磁灶按流过感应加热线圈的电流频率分为低频和高频两类电磁灶，结构如图 1.2 所示。低频电磁灶使用的是 50Hz 或 60Hz 的工频电流通过的感应加热线圈，因此被称为工频电磁灶；而高频电磁灶使用的是 20kHz 以上的高频电流通过的感应加热线圈，它是在工频电磁灶基础上发展起来的新型电磁灶。低频电磁灶的优点是结构简单、性能可靠、使用寿命长、成本低，但由于供给感应加热线圈的电流频率低，因此锅体的振动和噪声较大。由于使用的材料主要是铁心和铜线，所以它较重，体积也较大。高频电磁灶采用的主要是电子电路，首先将 50Hz 的工频电流经过整流之后变成直流，然后再经过转换调节电路及输入电路将直流电变成频率为 20kHz 以上的超音频电流，去供给感应线圈，对锅进行加热。由于高频电磁灶采用了大量的半导体器件，结构较复杂，因此成本也较高。但随着集成电路的应用，高频电磁灶的成本和价格将会有所降低。

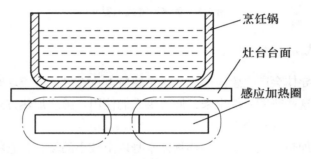

图 1.2　高频电磁灶的结构示意图

3. 远红外式电热设备

红外线是一种人们用肉眼看不见的热辐射线。它的波长为 0.75～1 000μm，介于电磁微波和可见光的波长之间。由于红外线具有较强的穿透性热辐射能量，因此可使被加热物体迅速升温。

采用远红外线进行加热是一项非常先进的技术，它的热效率很高。例如，一台功率仅为 1.5kW 左右的远红外电烤箱，在短短的 20s 内便可将肉烤熟。生活中较为常见的远红外式电热器有远红外电取暖器、远红外电烤箱以及各种远红外理疗设备。电烤箱的结构如图 1.3 所示。

电烤箱主要由箱体、电热元件、调温器、定时器和功率调节开关等构成。其箱体主要由外壳、中隔层、内胆组成三层结构，在内胆的前后边上形成卷边，以隔断腔体空气，在外层腔体中充填绝缘的膨胀珍珠岩制品，使外壳温度大大减低；同时在门的下面安装弹簧结构，使门始终压紧在门框上，使之有较好的密封性。

电烤箱的加热方式可分为面火（上加热器加热）、底火（下加热器加热）和上下同时加热三种。上加热器为远红外石英电热管，其螺旋状的铁铬铝电热丝贯穿石英玻璃管中央，不接触管子的内表面，这样可使石英玻璃管受热均匀。下加热器采用管状电热元件涂覆红外涂料，一般采用不锈钢或掺碳钢管制成。

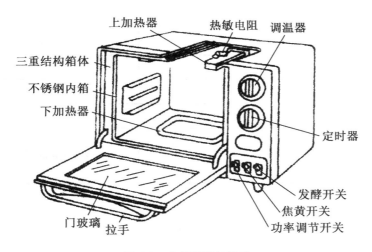

图 1.3　电烤箱的结构图

电烤箱常见故障原因与检修方法如表 1.1 所示。

表 1.1　电烤箱常见故障原因与检修方法

故 障 现 象	产生故障的机理原因	检修方法和排除措施
通电后立即烧熔丝	1. 熔丝容量不够	根据所用烤箱的电功率，选择相应容量的熔丝
	2. 电源引线线芯之间或插头线端之间短路	检修电源引线和插头，若换用新线，须用相同型号、规格的软线
	3. 电气线路中局部绝缘破坏造成碰壳	检查各部分接线的绝缘性，找出碰壳部分，并包好绝缘层
通电后，电动机转动，但箱内无热量	1. 管状加热器未接好	检查并插好加热器，若铜触片表面氧化变黑，则应刮擦干净
	2. 加热器烧断	更换加热器
	3. 开关触片弹性疲劳或触点烧蚀，造成接触不良	检查开关，将触点用细锉刀锉平滑干净，使之恢复接触，若严重损坏，则更换开关
	4. 温度调节器触点烧蚀	修磨触点或更换调温器
	5. 定时器触头接触不良	修理触片或更换定时器
控失灵	1. 调温器旋钮与转轴打滑	将旋钮上的螺钉拧紧
	2. 调温器触点熔接	更换调温器
	3. 调温器弹性触片疲劳控温不准	修理或更换调温器
漏电	1. 管状加热器封口材料损坏或有油污脏物积聚	用无水酒精清洗加热器的端部绝缘子，或将管口清理后，重新进行封口
	2. 开关、恒温器、定时器或接线的绝缘套管受潮	用电吹风将受潮部位吹干

续表

故 障 现 象	产生故障的机理原因	检修方法和排除措施
箱内升温正常，但指示灯不亮	1. 指示氖泡与限流电阻的接线松脱	检查并重新焊好
	2. 限流电阻烧断	更换限流电阻
	3. 指示氖泡损坏	更换氖泡
到预选时间后，仍不断电	定时器损坏	修理或更换定时器

4. 介质加热方式

这种方式是把被加热的物体或待加工的食品置于高频交变电场之中，使被加热物体的电介质吸收高频电场能量，变成介质损耗而加热，如微波炉加热器就是按这种加热方式工作的。

微波加热是近几十年才发展起来的一种快速电热方式，采用微波进行工作的电热器具有加热均匀、热效率高且加热出的食品营养成分损失较少等优点。用微波炉烹调时，比一般的电灶或燃料炉快 4～12 倍，例如，用微波炉只需要不到 10s 的时间就可热好一盘熟食。

1.2.2　电动设备

在家用电器产品中，电动设备产品约占 50%左右。电动机的使用已经具有百年以上的历史，电动类设备为适应不同的使用要求，往往采用各种调速装置以控制电动机的转速。因此，电动机及其调速装置，是家用电动设备的核心部件。

1. 电风扇

电风扇是电动设备中最常见的家电产品之一，按使用功能分类有很多种，一般分为简易型、普及型、高档豪华型以及在国际市场上出现的一些新颖别致的产品。

简易型电风扇功能最简单，不具备调速机构，也不能调节风扇摇头。普及型电扇使用面最广，市场占有率最大，它具有调速机构，能机械定时，能调节摇头的角度，一般已能满足广大用户的使用要求。高档豪华型电风扇是在普及型电扇功能的基础上，从操作更加方便、装饰更加美观、感受更加舒适、技术更加先进、功能更加全面等各种角度出发而研制的高档电扇产品，具有电脑控制、遥控调速、电子定时、彩灯装饰和模拟自然风、冷风、暖风、阵风、香风等功能。

电风扇在我国生产较早，是进入家庭较快的一种电器产品，也是近年来普及面最广、发展速度最快的电器产品之一。电风扇是普通家庭通风换气、消暑降温必备的电器产品。20 世纪 70 年代后期至 80 年代中期是我国电风扇工业的全盛时期，全国兴起了生产电风扇的热潮，电风扇生产厂最多时高达 3400 多家，市场竞争相当激烈。20 世纪 80 年代后期，通过市场竞争，优胜劣汰，大约有 600 家电风扇生产企业以其在产品质量、信誉、服务水平以及产品多样化等方面的优势而生存下来，电风扇生产企业基本趋于稳定。现在，各个企业均致力于新产品的研制开发，在积极引进国外先进技术、先进生产流水线、产品检测线以及管理手段的同时，通过提高生产技术水平、更新设备、加强企业管理及产品质量管理，生产出了使用方便、式样新颖、造型别致、功能多样化的新一代产品，深受消费者的欢迎和喜好。

近年来，随着微处理器和传感技术的发展，在国际市场上还不断涌现出各种新颖别致的电风扇产品。大致有以下几种新型电风扇：

高效节能电风扇。目前在许多发达国家都在采用新技术，改进电风扇电动机和风叶的设计，尤其注重电动机效率的提高，以达到节电之目的。由日本三洋公司研制的 EF—31M 型电风扇，电动机效率提高 57.5%，比普通单相感应电动机可节电 30%。

球形风扇。这种电风扇是由我国香港生产的，在美国、加拿大、墨西哥等国深受欢迎。它是由两组对立的扇叶安装在球形的圆网中，可在球形圆网中作 360° 的转动，从而使室内任何方向均有连续的风吹到，送风柔和，送风角度大，性能优越。

"和风"型电扇。这种由日本日立公司推出的新产品 H—30E7 型电风扇，在提高送风质量上，比传统的模拟自然风有所发展，融模拟山风、湖风于一体，力求创造出更逼真的自然环境，给人们以舒适的感觉，它设有三挡风量，专用小电动机完成摇头和俯仰功能。

智能化室温感应电风扇。这种由日本松下电器公司生产的 F—H305D 型 300mm "逍遥"型壁扇，款式新颖、技术先进。利用温度传感器和微处理器，通过自动控制，可使室内温度调节控制在 18℃～32℃。无论夏季或冬季，均能保证室内适宜的温度。这种风扇具备自动定时、调速和俯仰、摇头等功能，使用极为方便。

冷暖风电风扇。这种由我国台湾电热器件公司向国际市场推出的冷暖风电扇，扇叶前后装有电热交换器，只要按下热风键，就可供冬季取暖；当按下冷风键时，风扇电动机在超低速旋转控制下，可将半导体制冷管发出的冷气吹出，能有效地防暑降温。

采用直流变频技术的电风扇。直流变频技术在电风扇上的使用是很大的技术创新。比如：无级变速，通俗地讲就是没有挡位，可以自由调节风扇转速，具有寿命长、风扇体积更小、更安全的特点。国内电风扇品牌奥丽思主要就是采用了直流变频技术。它的好处是静音、省电、经久耐用，外观设计比较出色，给人很奢华的感觉，而且产品功能齐全，整个产品好用也易用。该产品对于解决日益紧张的能源问题也有贡献，因为它的电动机能效损耗低，较传统风扇节能 50% 以上。目前来说，由于采用该项技术的成本较高，因此还不能广泛应用在电风扇的生产上。

2. 洗衣机

现在，即使在普通家庭，洗衣机也已是很平常的家用电器了。可在以往的岁月里，洗衣服实在是一项繁重的家务活，分拣、浸泡、揉搓、漂洗等都得依靠手工劳作。随着科技的进步和社会的发展，家用电器越来越普及。作为家用电器产品一大类别的洗衣机，在一定程度上代表着一个国家的经济发展与消费水平。现在人们不仅为讲究卫生而洗衣服，而且还为穿着舒适、杀菌与消毒而洗衣服。这些都表明，洗涤量的骤增，用洗衣机代替人工洗衣服是必然的趋势。

1874 年美国的比尔·布莱克斯通（Bill Blackstone）发明了世界上第一台木制人工搅动式洗衣机。其结构是在木桶底部装 6 块叶片，用手柄和齿轮机构传动，衣物在桶内皂液中翻转，从而达到洗涤的目的。电发明以后，美国研制出搅拌式洗衣机，欧洲也开始制造滚筒式洗衣机，但结构都非常简单。1932 年，美国一家公司成功研制了第一台前装式滚筒全自动洗衣机，它可在同一个滚筒里自动完成洗涤、漂洗和脱水等功能，使洗衣机的发展跃上了一个新的台阶。

日本于 1920 年从美国进口 SOAR 搅拌式洗衣机，至 1930 年自己研制成功第一台搅拌式洗衣机，洗衣机的发展非常缓慢。第二次世界大战前，日本全国仅有几千台洗衣机。

1953 年英国 HOOVER 公司试制出喷流式洗衣机后，日本进行仿制，"松下"、"三洋"、"东芝"等公司组织成批生产。"三洋"公司在喷流式洗衣机的基础上，又改进成波轮立桶式洗衣机，性能有一定提高，并于 1960 年制造出双桶洗衣机。这种洗衣机适应性强，发展迅速。

洗衣机的发展趋势，从工业发达国家的基本需求看，主要是以更新换代为主。各国新型洗衣机相继出现，自动化程度不断提高。大致趋势是向多功能、大容量和小容量发展，向微电脑、传感器和模糊逻辑控制方向发展，向节水、节电、节时和节约洗涤剂方向发展，向机电一体化的静音化方向发展，向洗干一体化全自动洗衣机方向发展。目前具有一定智能的全自动洗衣机也已成为商品进入家庭。

我国洗衣机的生产虽然起步较晚，但发展非常迅速。自 1979 年正式投入批量生产后，当年产量为 1.81 万台；1985 年增至 830 万台，跃居世界首位，而 1998 年产量更高达 1800 万台。目前我国已有专业及兼业生产厂家近百个，行业竞争十分激烈。各厂家十分重视设备的更新和技术的改造，增加竞争能力，迎接国际竞争的挑战。

3. 其他电动设备

（1）吸尘器。吸尘器是一种用于清除地面、地毯、墙壁、家具、衣物及各种缝隙中的灰尘、脏物的电动清扫工具。它利用高速电动机转动产生内部瞬时真空，形成内外负压差的原理将灰尘吸走，具有省时、省力、高效的特点。

吸尘器按照外形分为立式、卧式、便携式。

吸尘器按使用功能分为干式吸尘器、干湿两用吸尘器、地毯吸尘器和打蜡吸尘器四种。干式吸尘器不能用于有水分的场合，而干湿两用吸尘器可以用于洗脸间、厨房等水分较多的地方。地毯吸尘器专门用于清洁地毯，它的底部装有特殊的刷子，可一边刷一边将灰尘吸入吸尘器。打蜡吸尘器底部装有 2～3 个高速旋转的刷子，在打蜡时将灰尘吸掉，它的吸力较小，主要以打蜡上光为主。

（2）抽油烟机。抽油烟机是净化厨房油烟的一种电动设备。在烹饪过程中，不可避免地要产生一些油烟，这些油烟不但会造成环境污染，还对人体有害。抽油烟机能够排出油烟，它集换气扇和烟罩于一体，排气量大，抽吸能力强，排污效率高，是改善厨房内空气环境的有效设备。这样既减少了环境污染，又有利于人体健康，深受人们欢迎。 抽油烟机可按下列方式进行分类。

按风机的数量分：有单扇抽油烟机和双扇抽油烟机。

按风扇转速分：有单速、双速、三速和无级变速四种类型。

按自动化程度分：有普通控制型（人工控制开停）和自动控制型。

自动控制型的抽油烟机，是在抽油烟机上加装了气敏元件和报警元件电路，具有监控功能。当厨房内的污浊气体浓度达到响应值时，气敏元件或报警元件电路发出信息，通过电路使监控器发出声光报警；电动机自动工作，将厨房内的污浊气体排出室外。当厨房的污浊气体浓度低于响应值时，电动机自动停止工作，恢复监控状态。

（3）电吹风。电吹风是用电动机带动风叶旋转吸入冷空气，经对冷空气加热后再排出的原理，用于人们吹干头发和整理发型，也可用于吹干物品、除尘去湿等。电吹风具有体积小、重量轻、操作容易、价格低廉、外形美观等优点。电吹风能送冷风也能送热风，而且风速和风温都可进行调节。电吹风的结构如图1.4所示。

电吹风的种类很多，分类方法主要有下列几种：按手柄形式分，有固定式和折叠式；按使用方式分，有手持式和支座式；按电动机的形式分类，有单相交流感应式、交直流两用串激式和永磁直流式三种；按送风方式分，有轴流式和离心式；按外壳材料的不同分，有金属式、塑料式和金属塑料混合式等。

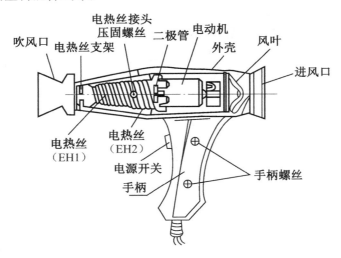

图1.4 电吹风的结构

1.2.3 制冷设备

制冷就是采用人工的方法，使自然界中的某物体（如气体、液体和固体）温度低于周围环境温度，也常称为人工制冷。人工制冷的方法主要有三种：蒸汽压缩式制冷、吸收式制冷和半导体制冷。目前的制冷机主要采用的是蒸汽压缩制冷。

1. 电冰箱

我国人民在很早以前就知道，适当的低温环境，可以防止食物腐败变质，而且采用天然冰来提供这种低温，保存食物。《诗经》中就曾提到过冰窖。《周礼》中更有"古代国家，冬季取冰，藏之凌阴。为消夏之用"的记载，所谓凌阴，就是冰窖。在我国历史上记载的所谓"冰鲜船"，就是渔民在冬季将冰储藏在船舱内，把捕捞的鱼冷藏起来。

18世纪，在国外由于商业利益的刺激，利用天然冰保存食物逐渐发展为一种专门的制冷行业。由于天然冰在采取、保存、使用的环节上存在种种缺点，促使人们开始研究人工制冷的技术。1820年人类首次在实验室获得人工制冷方法，造出了人工冰。1918年，美国生产了世界上第一台开启式家用电冰箱，1926年美国奇异公司又制造出第一台封闭式电冰箱。其后，新制冷剂——氟利昂的发现，温控、化霜、防露技术的应用，采用硬质聚氨酯和磁性门封条作为保温材料，真空成型、内发泡工艺的出现等，都促进了电冰箱工业的不断发展。

家用电冰箱是在第二次世界大战之后，随着世界经济的发展，家务劳动现代化而大量进入家庭的。工业发达国家的电冰箱普及率均在95%以上，其中美国最高达99.9%，其次是丹麦99.5%、加拿大99%、日本98.7%、法国97.4%。

我国解放前，没有电冰箱生产这个行业，解放后才开始发展。从1954年到1956年，北京市医疗器械厂和沈阳医疗器械厂试制成功我国第一台开启式电冰箱。1957年由天津医疗器械厂和北京医疗器械厂试制成功我国的全封闭式电冰箱。近年来，随着国民经济的发展和人民生活水平的逐步提高，电冰箱的生产得到了飞速发展，已形成我国电冰箱工业生产体系。

随着新材料、新技术的不断发展，电冰箱的性能日趋完善，当前国内外电冰箱的发展趋势有以下特点：

（1）体积趋向大型化。就北京市每百户城区人口调查，需求多门大容积的占93.8%，并要求"一大、二多、三美"。从国际市场上看也是如此，1960年前，冰箱的容积多在200L以下，1960年以后，200L以上的大冰箱越来越多。目前最普遍的冰箱容积是200～300L，而美国家用电冰箱的容积有90%在400L以上。欧洲电冰箱的冷冻室容积都比较大，占整个容积的 1/3～1/2，在英国冷冻室和冷藏室容积相同的冰箱销售量占市场总销售量的40%。

（2）趋向多门、多温、多功能。目前国内外家用电冰箱已开始具有多门、多温、多功能。已推出的三门、四门、甚至五门、六门的电冰箱，大多是容积在 300L 以上的大型多功能冷藏冷冻箱。它除了冷藏室、冷冻室外，还专门设有高保鲜蔬菜室，并且能自动控制温度，还设有超冷藏室（-1℃～1℃）和微冻室（-3℃～-1℃），以适应不同食品的保鲜要求，另外，国外有的电冰箱还在冷冻室和冷藏室内，设置局部速冻室（-40℃左右）和解冻室（在不滴水的状态下解冻，解冻后自动保持-3℃）。在功能方面，还要求设有箱外取冰，箱外取冷水，冷、热水箱（既能冷冻又会产生热水）；有的三门电冰箱带有转换室，采用变换方式可变换成冷冻室、冰温室或冷藏室，从结构上常设计成多层抽屉。

（3）趋向进一步节能环保。首先向低耗电量方向发展。采用新型高效压缩机，提高箱体绝热性能，包括采用新型门封，提高门封条气密性，采用微孔泡沫聚氨酯发泡材料，采用粉末真空绝热层，采用新型蓄冷装置等新技术、新工艺。其次是发展不用电的吸收式冰箱、太阳能冰箱、风力冰箱、磁热效应冰箱，尤其是开发太阳能作为热源的吸收式冰箱，有着广阔的前景。

近些年来，世界环保组织对全球制冷设备采用氟利昂破坏地球臭氧层的危害已提出强烈呼吁。由于氟利昂在高空会释放出氟原子，破坏臭氧，使地球的臭氧层变薄，并在南极上空已经形成了与美国本土大小相仿的空洞，严重地威胁着人类的生存安全。因此，未来的制冷设备所采用的制冷剂应主要从天然的碳氢物质中提取。目前，国内已有多家公司开始批量生产全无氟电冰箱。

（4）采用电子技术。采用微电脑开发节电智能化冰箱，在箱外对箱内各室温度进行调节与控制、自动化霜，同时对各室温度进行显示。也有的冰箱装有门未关紧报警装置、食物腐坏报警器等，进行光、声报警。采用微电脑监测控制，不仅对用户使用方便、可靠，一般还可节电15%～20%。

（5）箱体的装潢造型更加讲究。手柄趋向长形，装饰条开始用于门框，采用门拉手与门形成一体的平面感朴素设计，外观色泽趋向多样化，除原来惯用的白色外，还出现了天蓝色、藕荷色、咖啡色、橘黄色等。

（6）采用健康理念技术。近日，从新飞电器2014年度营销峰会上获悉：新飞冰箱首批通过中国质量认证中心CQC除菌认证。经检测，以BCD—560WKS为代表的54款冰箱冷藏室大肠杆菌平均除灭率达98.6%、金黄色葡萄球菌除灭率达99%以上，远远高于中国质量认证中心90%的除菌标准，达到国际先进水平，这标志着我国健康家电核心技术的又一重大突破，引领了健康家电升级的目标方向。

2. 空调器

空调即空气参数调节，就是将空气的温度、湿度、流动速度、洁净度调节在最适当的范围内，以满足人们需要的特定的条件。

据有关史料介绍，一百多年前，在盛夏季节，为抢救一名美国总统，才促使空调器诞生。其方法是采用压缩制冷，先将病房空气用压缩机吸出，经低压压缩后，再用水冷，使空气温度降下来，然后通入病房达到降温目的（从35℃降到25℃左右），这是世界上第一台最原始的空调器。

1923—1939年期间，美国空调器工业已经得到发展，从1930年起，发展速度更快，首批用于房间空调的单个空调器已经商品化，开始用于剧场、影院、大商店、办公室，随后又用于火车、大客车、轮船上。其制冷方式大部分采用压缩式制冷系统。在欧洲，空调器在1945年以后才蓬勃发展起来。

由于空调器是一种能耗较大、价格较贵的家电产品，其发展受消费水平和能源的限制。世界上只有发达国家已进入普及期。

我国是一个文明古国，不仅是世界上用冰最早的国家，也是用冰来调节室内温度最早的国家。早在春秋时期，秦国在宫殿中采用铜管做大立柱，每逢盛夏，在铜管中放进冰块，由于铜传热快，宫殿内温度很快下降。所以，我国用冰来降低高温的历史是悠久的。

解放前我国空调器是一个空白，解放后空调技术发展较快，1963年上海研制出我国第一台窗式空调器，之后一些厂家投入了空调器研制工作。但产量都不大。近年来，随着我国人民生活水平的提高，家庭对空调器的需求量和拥有量越来越多，空调器也逐步成了主要的家用电器之一，并且有以下发展趋势。

高效节能化：应用高新技术，使用新型涡旋式压缩机，采用新型的制冷剂，大力发展变频技术。采用太阳能空调器可以使节能和环保相结合。

人性化：进一步降低噪声，以人为中心，采用微处理器控制的智能空调器，自动控温、控湿，自动检测，自动显示，自动调节等。

美观化：同家庭环境相结合，向美观、轻巧、占用空间小等方向发展。

空调器按照结构分为窗式空调器、分体式空调器和中央空调器。

空调器的主要技术参数：

（1）制冷量。空调器的制冷量是指空调器每小时所产生的冷量，其单位为瓦（W）。一般民用建筑的单位面积空调负荷约为（174～209）W/m^2。在实际选用时，空调器的制冷量应略大于或等于根据空调房间所计算的耗冷量。

（2）单位功率制冷量。这是一项技术经济性能指标，表示空调器每小时消耗1kW电能所能产生的冷量值。数值越高，产生同等冷量所消耗的电能就越少。

单位功率制冷量＝制冷量/每小时消耗功率

（3）噪声。空调器的噪声是由风机和压缩机工作时产生的，单位为分贝（dB）。一般要求室内侧的噪声小于45dB。室外侧的噪声小于60dB。

（4）风量。空调器的风量是指空调器使室内形成风的循环流动量，或者说是每小时流过蒸发器的空气量，单位为立方米每小时（m^3/h）。

1.3　家用电器的安全使用措施

1.3.1　电气事故的基本概念

电能作为一种清洁、方便的能源，可以为人类做出许多贡献；但另一方面，如果对电能不加以安全、合理地使用，电能本身所蕴含的巨大能量将对使用者造成多种伤害，这些伤害有时甚至是致命的。

家用电器以电作为能源，在使用过程中不可避免地会出现各种或大或小的电气事故。根据人们受到伤害程度的轻重不同，可将电气事故分为电伤与电击两大类。电伤主要是指电对人体外部组织造成的伤害，如电流产生的热会引起人体皮肤灼伤，大电流产生的弧光辐射对人眼将造成伤害，强烈的电磁场对人的中枢神经系统也会造成伤害，微波辐射对人的眼球、肾脏以及白细胞都将产生严重的伤害。

电击也就是人们通常所说的"触电"。它是指较大的电流在流经人体内部器官时，对人的神经系统、循环系统以及呼吸系统所产生的严重伤害。在发生触电时，人体将出现肌肉抽搐、神经麻痹、呼吸停止等症状，严重的可能导致死亡。在各类电气事故中，触电事故占据了绝大多数。在触电事故发生之前，人们往往不易察觉到，等到产生感觉的时候人体都已经受到了严重的伤害。这是由于在触电时，人的大脑往往会失去意识，使人体不能主动摆脱电源，因而很难自救。不像其他事故发生后，人们往往有一定的时间进行自我摆脱或呼救。对触电者进行救援的人员如果没有掌握科学的抢救措施，在未断电的情况下施救，自身同样也会遭到不幸，从而引发一系列的连锁事故。

另外，当电气事故发生后，常常还伴有火灾、机械外伤等现象发生，增大了对受伤者抢救的难度。因此，我们在使用各种家用电器时必须注意用电安全，避免上述各类事故的出现。

1.3.2 家用电器的安全保护措施

家用电器在使用时可以采用保护接地、保护接零、保护切断以及安全电压供电等基本措施来防止触电事故的发生。

1. 保护接地

保护接地，就是用一根足够粗的导线，将家用电器的金属外壳与大地稳妥地连接起来（接地电阻应在 4Ω 以下），如图 1.5 所示。

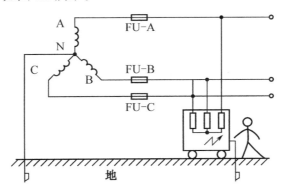

图 1.5 保护接地

进行保护接地之后，家用电器的金属外壳与大地是等电位。即使家用电器的内部绝缘被破坏而导致金属外壳带电时，其金属外壳上所带的电会沿着这根接地线直接流入大地，不会对人体造成伤害。

保护接地主要适用于中性点不直接接地的三相三线制供电系统中。

> **注意**
>
> 在安装接地线时不能图方便而直接将其接在暖气管道或煤气管道上，最好也不要接在水管上，以免引起其他事故。

2. 保护接零

在中性点直接接地的三相四线制供电系统中，是不能够采用保护接地的方式来进行安全保护的，此时可以采用保护接零，如图1.6所示。

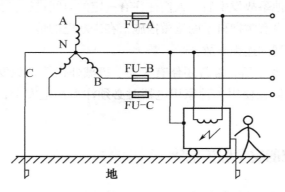

图1.6　保护接零

保护接零是将家用电器的金属外壳接到供电系统的"专用接零线"上，当家用电器的绝缘损坏或由于其他原因导致家用电器的外壳与三相电源中的某一相发生接触时，则电流通过电气设备的金属外壳与接零线形成回路，产生很大的短路电流，将安装在相线上的保护装置（例如熔丝）熔断，从而切断家用电器的供电电源，最终达到保护使用者人身安全的目的。必须强调的是：

（1）在同一供电系统中，绝对不允许对一部分家用电器采用保护接地，而对另一部分家用电器采用保护接零的接线方法。因为在这种情况下，假如某一接地设备的外壳带电时，势必造成了所有接零设备的外壳都带电，人体一旦触及便会发生危险。

（2）必须将保护接零线单独引到家用电器的专用保护接零接线柱上（在单相三孔插座中单独位于上方且较粗的一只插孔即属于专用接零地线），如图1.7（a）所示。之所以不能按照图1.7（b）中所示的方法进行接线，是由于万一零线断开后，人体不慎触摸到家用电器带电的金属外壳时，仍然会引起触电事故。

（3）绝对禁止在零线上安装熔丝或开关。

3. 保护切断

保护切断属于一种被动保护措施。它设置了一组触电保护开关，当人体接触到的电压超过安全电压值或者流过人体的电流大小与时间超过允许值时，触电保护开关迅速地自动切断电源，以保护人身安全。

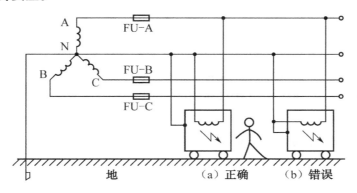

图 1.7　保护接零的正误两种接法

根据产生动作的原理不同，可将触电保护开关分为电压型触电保护开关与电流型触电保护开关两大类。

（1）电压型触电保护开关。电压型触电保护开关以家用电器外壳对地的电压作为是否动作的依据。当检测到该电压达到或超过了允许的人体安全接触电压值时，便自动切断电路。这种触电保护开关的性能较好，但设备结构复杂，价格也比较高。

（2）电流型触电保护开关。电流型触电保护开关也被称为"漏电保护器"，是一种在普通家庭中应用非常广泛的保护电器。目前，世界上许多国家和地区的用电法规上都明确规定了家用供电系统中必须安装漏电保护器。

漏电保护器是通过检测电气设备在漏电时的泄漏电流或通过人体的零序触电电流来作为是否动作的依据。只要人体对地的漏电流或人体触及带电设备后流过人体的电流达到或超过了允许的最低安全电流时，检测零序电流的继电器或电磁铁便立刻动作，迅速切断供电电源。

在选择漏电保护器时，应注意其动作电流与动作时间的大小是否合适。

从安全角度出发，动作电流越小越好。通常漏电保护器的动作电流不应超过 30mA。但是，如果动作电流过小，必将造成漏电保护器频繁动作，不仅影响整个供电系统的可靠性，而且会使某些对电压波动比较敏感的家用电器（如电冰箱、空调器）造成严重的损坏。因此一般只有在使用环境干燥、家用电器绝缘性能良好的情况下，才允许使用动作电流较小的漏电保护器。

动作时间当然也是越短越好。但是，漏电保护器的动作时间越短，其内部的控制电路就越复杂，生产成本越高，经济性也就越差。一般的经验值认为，能在 0.1s 内切断电源的漏电保护器就已经足够安全了。

4. 安全电压供电

在某些低压的家用电器（如手提式电动工具）中，可以采用安全电压供电。由于这类家用电器是在安全电压下工作，即使人体不慎碰到了带电体，流过人体的电流一般也是微乎其微的，因而不致产生严重的后果。

 习题 1

1. 电能转换为热能的基本方式有几种？结合实例予以说明。
2. 简述双金属片在恒温电熨斗中的作用。
3. 试述电风扇的发展方向。
4. 试述保护接地和保护接零的区别。
5. 试述漏电保护器的作用。

第 2 章

典型家用电器产品

2.1　洗衣机

2.1.1　洗衣机的洗涤和去污原理

洗衣机的洗涤去污，有三个必备的条件，缺一不可。一是洗衣机的机械作用；二是洗涤剂的物理、化学作用；三是适当温度的净水。其中，首先不容忽视的应是洗涤剂的洗涤去污作用。

1. 洗涤剂的去污作用

用洗衣机洗衣物，要不要加洗涤剂，加多少洗涤剂，是有一定科学道理的。不加，肯定没有去污效果；加的剂量不合适，品种不对，洗净效果也难以达到。洗涤剂的去污能力是由它的性质决定的，它含有各种化学元素和表面活性物质，对污垢具有湿润、乳化、分散、泡沫、增溶作用。

比如带油质污垢的衣物，通常是比较难洗的，因为油不溶于水，污垢不容易被水湿润浸透。可是如果把衣物泡在洗涤剂溶液中，就会使织物上的油质溶解。衣物被湿润浸透，纤维就会变得膨松，于是就降低了油质与衣物的黏附力。在洗衣机的搅动作用下，油质被洗涤剂分离成极小的微粒，呈乳状悬浮在水面，衣物就容易洗净了，这就是洗涤剂的湿润和乳化作用。

又如对于粘在衣物上的不可溶的固体颗粒，因其比重较大，在洗涤时容易沉淀。可是加入洗涤剂之后，这些固体污垢就会被洗涤剂中的活性物质分割、包围，分散成为极小的微粒悬浮于溶液中，加上洗涤剂在洗涤时产生的泡沫，便可携带各种悬浮污垢随水流走。这就是洗涤剂的分散、泡沫作用。当然，洗涤衣物不仅需要洗涤剂溶液的浸泡，而且需要洗衣机的机械运转、搅拌和振动作用。

2. 洗涤剂的去污过程

洗涤剂的去污是一个比较复杂的过程。要想透彻地了解这一过程，只能从洗涤剂的分子结构谈起。洗涤剂的分子形状如图 2.1 所示。

亲水基

亲油基

图 2.1　洗涤剂的分子形状

这些分子的"头部"与水相亲和，称为亲水基；而其"尾部"能与油相亲和，称为亲油基。洗涤剂去污过程如图 2.2 所示。

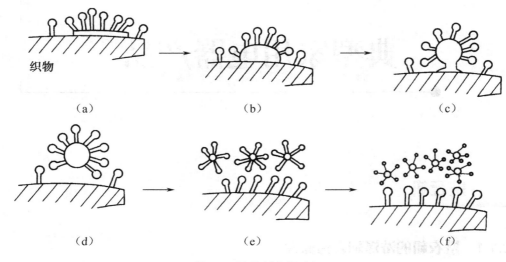

图 2.2　洗涤剂去污过程

在洗涤时，衣物上的油质污垢首先与洗涤剂分子的亲油基相亲而结合，而亲水基则朝外指向水的一方。在洗衣机的搅拌下，洗涤剂通过化学作用，使油质污垢逐渐缩小，最后被四周的洗涤剂分子包围，并脱离衣物。由于亲水基之间的相互排斥作用，被洗涤剂分子包围的各个油垢微粒进一步被分割、粉碎，最后在悬浮流中，由泡沫携带，随着水流排出洗衣机外。

3. 洗衣机的机械作用

我们知道，洗衣机的洗涤去污过程是一个动态过程。如果对被污染的衣物仅仅是浸泡，不施加任何机械力的作用，是不可能把脏衣服洗净的。因此，洗衣机的机械力是必不可少的。按照洗衣机的工作特点，其洗涤方式根据机械力的作用可分为四种：

（1）使被洗涤的衣物在洗衣筒内不停地屈伸变形，以提高洗涤剂的洗净效率。

（2）使衣物之间、衣物与洗衣筒之间产生摩擦冲洗。

（3）由波轮带动而形成水流和洗涤剂的旋转冲击，使污垢彻底脱离衣物。

（4）在滚筒式洗衣机内还使衣物受到不停的翻滚撞击作用，以提高织物的洗净度。

4. 洗涤液的温度对洗涤效果的影响

人们要洗涤衣物必须用水，而水温的高低对洗涤剂洗涤的效果有直接影响。实验证明，当水温从 0℃ 开始升高到不超过 40℃，洗涤剂溶液的去污力度会逐渐增强，一般到达 30℃～40℃ 之间效果最好。如果温度进一步升高，对各种不同的织物就会产生不同的反应。目前在化纤织物使用比较普遍的情况下，水温过高容易造成衣物变形。因此，全自动洗衣机的加温系统，通常控制在 40℃ 左右。

5. 洗衣机的洗涤过程

用洗衣机洗涤衣物，除了能节省人力、时间之外，通常并不能节省手工洗涤的程序。因此，把脏衣服洗净直到晾干，也得一步一步地来。一般洗涤过程包括预浸、预洗、主洗、漂洗、脱水、晾干等。

（1）预浸。在衣物洗涤之前先用净水浸泡 20～30min，使纤维与污垢得到浸透，变得松散一些。

（2）预洗。用净水加入少量洗涤剂先洗 2～3min，使脏污较重的水溶性污垢先行清除，以提高衣物的洗净程度。

（3）主洗。加适量洗涤剂正式开始全面的清洗，在主洗中要把握：

① 洗涤方式的选择（强洗、中洗、弱洗）。

② 洗衣粉的选择。

③ 洗涤温度的控制（30℃～40℃）。

④ 洗涤时间的确定（10min 左右）。

（4）漂洗。用清水稀释衣物上含有污垢的洗涤液，多次进行，直到使洗涤剂的残存量达到最低限度。

（5）脱水。将洗涤过的衣物，通过机械作用将其中的水分甩干。

（6）晾干。将脱水后的衣物，进一步干燥，最后排除衣物上的全部水分。其方法以晾晒为主。

2.1.2 洗衣机的分类

1. 按自动化程度分类

所谓自动化的程度，就是洗衣机对洗涤过程的三个主要程序（洗涤、漂洗、脱水）能自动转换完成的程序。一般分为三类：普通洗衣机、半自动洗衣机、全自动洗衣机。

（1）普通洗衣机。普通洗衣机的洗涤、漂洗、脱水各个程序，必须手工操作才能逐一转换，而且通常不具备脱水装置。其特点是结构简单，价格便宜，使用方便，洗涤时间由定时器控制。不足之处是在洗涤过程中，仅起着省力作用，进水、排水需人工完成。不带脱水装置的洗衣机，还需人工拧干再去晾晒。

（2）半自动洗衣机。在洗涤、漂洗、脱水这三个程序当中，任意两个功能的转换不用手工操作可以通过自动转换来完成，但不能自动脱水。脱水时，需要人工把衣物从洗衣桶中取出，放入脱水桶中进行脱水。这种洗衣机使用比较灵活，洗涤和脱水两部分可同时工作。

（3）全自动洗衣机。这种洗衣机的洗涤、漂洗、脱水各程序均可自动转换。只要对洗衣机上的程序控制器选定全自动洗衣程序，则整个洗衣过程，从进水、洗涤、漂洗、排水到脱水、停机，无须人看管即可自动进行。这种洗衣机具有省时省力、不用照看等优点；但结构复杂，价格较高。

2. 按洗涤方式分类

各种洗衣机按洗涤方式分类，有波轮式、滚筒式、喷流式、搅拌式以及喷射式、立柜式、超声波式、振动式等。虽然洗涤方式不同，但最基本的原理都是模拟手洗衣物的动作，利用机械力、水的冲刷力，衣物之间、衣物与洗衣机桶壁之间的摩擦作用力和洗涤剂的去污作用来达到洗净衣物的目的。从目前世界洗衣机的生产总量中各类洗衣机所占的比例来看，波轮式、搅拌式、滚筒式这三种类型的洗衣机产量较大。其中，滚筒式绝大部分在欧洲使用；搅拌式主要在美国使用；而波轮式主要在日本、东南亚和我国使用。

（1）波轮式洗衣机（见图2.3）。波轮式洗衣机依靠波轮定时正、反向转动或连续转动的方式进行洗涤，主要由洗衣桶、波轮和传动机构等组成。洗衣桶中装有一个波轮，波轮上有几条突起，波轮以每分钟几百转的速度转动，带动桶中的洗涤液和衣物作旋转和翻滚运动。由于波轮的高速运转，洗涤几分钟就相当于人工搓揉几千次，因此具有较高的洗净率。波轮在洗衣桶中有不同的安装位置，位于桶底时，称为涡卷式；位于桶侧壁上时，称为喷流式。在洗衣桶两相对侧壁上都安装波轮的叫做双喷流式。涡卷式洗衣机洗涤时形成的涡流较激烈，其特点是洗涤时间较短、构造简单、价格便宜。国际上日本主要生产波轮式洗衣机。我国的洗衣机大多是在仿制日本样机的基础上发展起来的，现在已有普通型、半自动型、全自动型等多种形式产品。

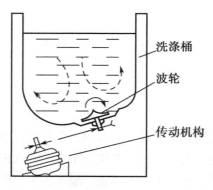

洗涤桶

波轮

传动机构

图2.3 波轮式洗衣机

（2）搅拌式洗衣机（见图2.4）。搅拌式洗衣机是用洗衣机中间的搅拌器，以每分钟约40～50次作180°的正、反旋转，在洗衣桶中掀起各种形状的水流，并不断地搅动衣物，达到去污目的。搅拌式洗衣机是一种历史悠久的机型，通常在洗衣桶中央竖直安装有搅拌器，搅拌器轴心在一定角度范围内正反向摆动，搅动洗涤液和衣物，好似手工洗涤的揉搓。衣物受力均匀，一次洗衣量较多。近年来，由于波轮式洗衣机发展为新水流波轮式洗衣机，波轮频繁启动和波轮形状改变，很容易和搅拌式洗衣机混同起来。其实波轮式和搅拌式是有区别的，前者波轮转角超过360°，反转前有停歇；而搅拌式洗衣机的搅拌叶转角小于360°，反转前没有停歇，并连续地往复运动。

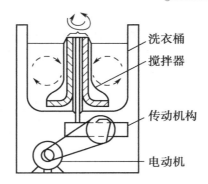

图 2.4 搅拌式洗衣机

目前搅拌式洗衣机在美国市场上较为常见，其他国家很少生产。

（3）滚筒式洗衣机（见图 2.5）。滚筒式洗衣机的结构特点是有一个盛水的圆柱形外桶，外桶中有一个可旋转的内桶，内桶壁上有许多规则排列的小孔，并有几条突起。在洗涤时，内桶有规律地间歇正反旋转，这些突起将衣物带起，到一定高度又将衣物抛落在洗涤液中，这样就在内桶中完成洗涤过程。

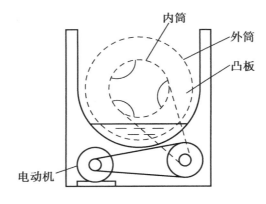

图 2.5 滚筒式洗衣机

滚筒式洗衣机，按投放衣物的位置不同，可分为上装入式和侧装入式两种；按自动化程度又分为普通型和自动型两种。普通型一般只能完成洗涤和漂洗，有的还可以离心脱水，但全过程不是自动完成的。全自动滚筒式洗衣机可以按选定的程序自动完成洗涤、漂洗、脱水和烘干等过程。

目前欧洲和北美主要生产滚筒式洗衣机，大多为全自动型，有多种洗涤程序可供使用者根据衣物质地不同或衣物多少选用。这类洗衣机洗净度低、制造难度大、造价也较高；但洗涤作用较柔和，对衣物磨损较少。国内目前有多家厂商生产滚筒式洗衣机，销售情况较为良好，特别是高档滚筒式洗衣机呈现供不应求的局面。

表 2.1 所示为三种不同形式洗衣机性能对比。

表 2.1　三种不同形式洗衣机性能对比

性能 ＼ 洗衣机类型	滚 筒 式	搅 拌 式	波 轮 式
洗净率	较低	较高	高
磨损率	低	较低	高
洗涤均匀性	好	较好	较差
洗涤时间	长	较长	短
耗电量	多	较多	较少
噪声	大	较大	较小
体积	较小	较大	较小

3. 几款新型洗衣机

"泡沫"清洗全自动洗衣机。该洗衣机用于洗涤的泡沫由位于清洗槽底部的泡沫生成设备制成。在投入规定剂量的洗涤剂后，通过少量水溶解后生成高浓度的洗涤液，再由泡沫生成设备制成泡沫。一般情况下，生成的泡沫体积可膨胀为相同质量液体的 40 倍左右，从而使清洗剂可接触到更多的衣物面积，全面渗透洗净污物。当泡沫从发生设备沿规定路径移动时，多余的水分将会脱落，从而使洗涤剂的浓度增加约 10 倍，并且界面活性剂能从内外两侧围住水膜。因此，洗涤成分能直接渗透到衣物上，使皮脂污垢等飘离出来，这样就更容易去除以前难以清洗的衬衫衣领和袖子等部位的污垢。洗衣机在这一状态下进一步组合搓洗和采用离心力清洗方式，更加提高了清洗能力。

不需洗涤剂就能够洗净的"零洗涤方式"。这种洗衣机使用通过电解自来水产生的电解水（含活性氧及次氯酸的水），通过在旋转槽的底部设置制作分解有机物污渍的活性氧等的电解槽，可以有效地将包括污垢在内的水流分向电极方向，进行衣物洗涤。

2.1.3　洗衣机的主要技术指标

1. 洗净性能

洗衣机的洗净性能用洗净比来表示，它等于被测洗衣机的洗净率（％）与标准洗净率（％）之比。洗净比值越大，洗净能力越高。国家规定波轮式洗衣机的洗净比值不得小于 0.8。

2. 磨损率

磨损率是衡量一台洗衣机对洗涤物的机械磨损程度。测量时放入额定容量洗涤物连续运转 4h 后取出，用失重法或捞渣法确定磨损率。波轮式洗衣机的磨损率不应大于 0.2%。

3. 脱水率

洗衣机的甩干程度用脱水率来表示。脱水率是通过测定额定洗涤物脱水后的质量，并以此质量和洗衣机额定脱水容量相比较而得到的比值来确定的，国家规定普通型洗衣机的脱水率应大于50%。

4. 振动

洗衣机在额定工作状态下运转稳定后，用测振仪测量机箱前后左右各面中心部位的振幅，应不大于0.8mm，机盖中心部位的振幅应不大于1mm。

5. 噪声

规定洗涤和脱水时的噪声均不大于75dB。

6. 排水时间

在不放入洗涤物的情况下，2.5kg以下容量的洗衣机的排水时间不超过2min，3~5kg容量的洗衣机不超过3min。

7. 定时器误差

规定15min洗涤定时器的误差不超过±2.5min，5min脱水定时器的误差不超过±1.5min。

8. 消耗功率

规定消耗功率应在额定功率的115%以内。

9. 绝缘电阻

洗衣机带电部分与非带电动机箱金属部分之间的绝缘电阻，按国标规定用500V兆欧表测量，无论热态或冷态都不应小于2MΩ。

2.1.4 洗衣机的安装、使用与检修

用户购买的洗衣机，都附有一份产品说明书，上面有该产品的性能简介、主要技术指标、使用方法、注意事项、接线图、维护保养方法等内容，使用者应严格按照说明书的要求去操作。

1. 洗衣机的安装

安装洗衣机应注意以下几点：

（1）电路方面。洗衣机是一种用电又用水的电气设备，工作在潮湿的环境中，所以其电

路接线一定要正确，并注意安全用电问题。电源插座要安装在不易被水淋湿、干燥而又便于操作的地方，离地距离不能低于1.3m。所用三孔插座应可靠接地，可用0.75mm^{2}的铜芯软导线，将三孔插座的接地孔与接地装置连接起来。若使用两孔插座，必须把保护接地线与洗衣机外壳上的接地桩连接。一般洗衣机出厂时，已在机箱上用铜芯塑料软线引出接地线，可供使用。

（2）放置环境。洗衣机应放置在通风良好、进水排水便的地方，不能有阳光直射或热气烘烤，以免塑料零件变形老化。

（3）防止噪声、振动产生。为了降低洗衣机工作时的噪声和振动，洗衣机应安放在平坦的地面上，不能倾斜。

2. 洗衣机的正确使用

正确使用洗衣机，既能获得较好的洗涤效果，又能延长洗衣机的使用寿命。洗涤过程中一般应注意以下几个问题：

（1）衣物要适量。一次加入机内的干衣物重量，不要超过洗衣机的额定洗涤容量。如超过，会使电动机过载，损坏电动机，同时衣物翻转不良造成洗涤不均匀，衣物损伤也较重。

（2）防止异物进入洗衣机。衣物洗涤前，应先清理检查，取出口袋内的硬币、别针等坚硬物品，抖落沙土。因为坚硬物品会磨伤洗衣桶和波轮，甚至卡住波轮，造成电动机过载。沙土易钻入轴封，加速轴封与转轴的磨损。

（3）防止电路进水。进水及取出洗涤好的衣物时，切不要把水溅在控制面板上，以免使电器部件受潮或进水，发生意外事故。

（4）操作正确。拧动定时器旋钮时要顺时针拧动，不要倒旋，以免损伤定时器。

（5）合理选择。应根据衣料种类、新旧程度、脏污程度，加入适量的洗涤剂，合理选择洗涤方式、洗涤时间、漂洗次数、漂洗时间和脱水时间等。

（6）避免脱水失误。为避免脱水桶出现不正常的振动和噪声，脱水时应将衣物均匀地放置在脱水桶内，且要在脱水衣物上放置水盖，以防止衣物在旋转中被抛出。

3. 常见故障及处理方法

洗衣机是由机械和电气两部分组成的。在使用过程中，正常的或非正常的损坏都是有可能的。特别是全自动洗衣机，由于结构较复杂，对于不大熟悉电气线路或机械结构的维修人员，应慎重行事，以免将故障扩大或发生意外。

为便于全面分析故障产生原因，下面将洗衣机机械方面和电气方面的常见故障及检修方法一并列出，供检修时参考。

（1）双桶洗衣机的常见故障原因分析与检修方法见表2.2。

表 2.2 双桶洗衣机的常见故障原因分析与检修方法

故障现象	产生故障的机理原因	检修方法和排除措施
波轮不转	1. 洗涤电动机损坏	更换
	2. 洗涤定时器或选择开关失灵	打开仪表板，更换洗涤定时器或选择开关
	3. 电源线损坏	更换电源线。注意必须将电源线夹圈旋转90°方能拆下
	4. 洗衣机内电线接头接触不良	打开后门，对各接头进行检查，对接触不良接头进行重焊，并用胶布包扎牢固
	5. 皮带脱落	重新安装皮带
波轮转速减慢、衣物翻滚减弱	1. 皮带松弛、打滑	调整皮带松紧（即调整皮带轮的中心距）
	2. 电动机电容器损坏	更换电容器
	3. 波轮与轴打滑	更换波轮
	4. 传动系统紧固螺钉失效	打开后盖，检查各紧固螺钉，更换失效的紧固螺钉
洗衣噪声大	1. 轴体失油或磨损严重	打开后盖，更换轴体或对轴体加机械油
	2. 波轮下有异物	拆卸波轮，消除异物
	3. 被洗的衣物有杂物	清理衣物中的杂物
	4. 传动部分松动或与机内其他零部件碰撞	打开后盖，检查运转情况，调整紧固螺钉以摆正各部件位置
	5. 电动机本身噪声大	更换电动机
只有标准洗涤或只有轻柔洗涤	选择开关损坏	打开仪表板，更换选择开关
只有正转，没有反转（或相反）	洗涤定时器失灵	打开仪表板，更换洗涤定时器
洗涤完毕，蜂鸣器不响	1. 洗涤定时器失灵	打开仪表板，更换洗涤定时器
	2. 蜂鸣器损坏	打开仪表板，更换蜂鸣器
	3. 音量调节开关损坏	打开仪表板，更换音量调节开关
	4. 蜂鸣器电线接头接触不良	重新焊接电线接头
排水缓慢	1. 排水管太长	调整管长度或更换管
	2. 排水网板和溢水网板堵塞严重	清洗网板

故 障 现 象	产生故障的机理原因	检修方法和排除措施
排水失灵	1. 排水开关回跳，排水弹簧失灵	打开仪表板，更换弹簧片
	2. 排水开关损坏	更换排水开关
	3. 扁线断裂	更换扁线
洗衣机振动大	1. 洗衣机安放不平稳	将洗衣机四脚垫平实安放平稳
	2. 洗衣桶与箱体装配不牢固	在洗衣桶与箱体之间可用泡沫或软物垫实
	3. 洗衣机安装螺钉太紧	略微放松洗衣电动机的安装螺钉，使防震橡皮垫充分发挥作用
	4. 皮带过紧	调整皮带松紧度
洗衣机进水失灵	1. 进水选择拔块损坏	打开仪表板，更换进水选择拔块
	2. 分水槽损坏	打开仪表板，拆下仪表架，更换分水槽
内漏水（排水开关未开而管内有水漏出）	1. 排水开关失灵	更换排水开关
	2. 排水弹簧变形	拆卸溢水网板，更换排水弹簧
	3. 排水水封损坏	拆卸溢水网板，更换排水水封
	4. 排水系统安装不良	调整安装
	5. 排水水封处有杂物夹住	拆卸溢水网板和排水网板，清除杂物
外漏水	1. 轴体的油封损坏	更换油封或整个轴体
	2. 轴体处的密封垫圈损坏	更换垫圈
	3. 排水系统黏结不良	打开后盖，重新黏结
	4. 排水软管破裂	更换排水软管
	5. 洗衣桶破裂	更换
	6. 脱水水封损坏	打开后盖，先拆卸脱水桶，然后更换脱水水封

（2）全自动洗衣机的常见故障及检修。全自动洗衣机除了具有双桶洗衣机的一般故障外，还具有一些特殊的故障现象。表 2.3 列举了套桶洗衣机的常见故障现象、故障原因和检修方法，供检修时参考。

① 电动程控式全自动洗衣机的故障和检修方法。a. 整个程序都不运转，指示灯不亮。此现象多数系电源部分异常或程控器故障。b. 不能注水。此现象多属于注水阀、水位选择开关、程序控制器等电气部分的故障。c. 不能脱水（或脱水中途停机）。不能脱水或脱水中途停机是由于安全开关断开造成的。当洗涤物倾斜（或不平衡），会引起洗衣机脱水桶碰撞洗衣机的壳体，此时，系统内设置的安全开关就自动切断脱水电动机的电源，从而起到安全保护作用。

② 微电脑全自动洗衣机的故障和检修方法。在微电脑全自动洗衣机发生故障时，需要注

意以下两个方面：a. 检验原始程序，判断电路板的好坏。b. 自动控制电路故障是指电路本身原始程序执行过程中的电路故障或程序故障。这类故障一般应更换电路板或送生产厂家修理。

表 2.3 套桶洗衣机的常见故障原因分析与检修方法

故 障 现 象	产生故障的机理原因	检修方法和排除措施
洗衣机电源插头插入电源插座，按下功能键，指示灯不亮，波轮不转动，电动机无"嗡嗡"声	1. 电源插头与插座接触不良或损坏	修理或更换插座
	2. 无电源输入	检查电源线路
	3. 定时器开关接触不良或损坏	修理或更换定时器开关
	4. 功能键接触不良或损坏	修理或更换功能键
	5. 机内电气导线脱落	找出脱落导线，重新焊接
	6. 指示灯损坏或接触不良	更换指示灯或重新紧固好
洗衣机电源插头插入电源插座，按下功能键，指示灯亮，波轮不转动，电动机有"嗡嗡"声	1. 波轮被异物卡住	排除卡住波轮的异物
	2. 洗衣机电容器损坏（短路、断路或容量减小）	更换洗衣机电容器
	3. 含油轴承内孔磨损太大，导致转子与定子相碰	更换含油轴承
	4. 定子绕组损坏	重新绕好定子绕组
不能注水（1）	1. 停水或水龙头未开	检查，打开水龙头
	2. 注水阀过滤网堵塞	清洗过滤网
	3. 水压太低，注水时间超过规定（如1h）	等待正常供水时再开机
	4. 注水阀动作失灵	检查修复
	5. 进水管内结冰	将进水管取下，放入40℃以下的水中浸泡
不能注水（2）	1. 注水阀电磁铁线圈损坏	更换注水阀电磁铁线圈
	2. 电磁铁心与注水阀连接的开口销损坏	更换开口销
	3. 注水功能键损坏或接触不良，或引线脱落	修理或更换注水键，重新焊接导线
	4. 洗衣机盖板没有合上，或盖板的触杆接触不良	合上洗衣机盖板，或重新调节触杆
排水不畅	1. 排水管有杂物	清除管内杂物
	2. 排水阀电磁铁心锈蚀或有灰尘阻塞，滑动阻力大，导致排水阀开启不到位	去除排水阀电磁铁心表面锈蚀及灰尘
	3. 排水电磁阀线圈局部短路，功率下降，导致排水阀开启不到位	更换排水阀电磁线圈
	4. 排水管太长或位置太高	缩短排水管长度并放低位置
	5. 排水阀内有杂物，严重堵塞	清洗排水阀内杂物
	6. 排水管内结冰	向桶内倒入40℃的水使冰融解

故 障 现 象	产生故障的机理原因	检修方法和排除措施
不能脱水	1. 脱水、排水功能键损坏或接触不良	更换或修理脱水、排水键
	2. 洗衣机脱水桶（套缸）上盖板没有盖好，或盖板的触杆接触不良	盖上洗衣脱水桶盖板或调整修理触杆
	3. 脱水的传动扭簧损坏	更换扭簧
	4. 脱水电动机损坏	更换电动机
	5. 电动机电容器损坏	更换电容器
	6. 洗衣机内衣物严重偏侧	打开洗衣机盖，把衣物放平整
	7. 洗衣机放置不在水平面上	调整洗衣机，垫成水平
洗衣桶内的洗涤水不从出口流出，而从洗衣机底部流出	1. 出水管连接脱落	重新固定出水管
	2. 出水管破裂损坏	更换出水管
洗涤时脱水桶与波轮一起转动	1. 离合器制动带制动失灵，引起脱水桶与波轮顺时针跟转	更换制动带并调整好间隙
	2. 离合器制动带调节螺钉松动	重新调整制动带的间隙，并紧固调整螺钉
	3. 离合器的转动扭簧损坏	更换转动扭簧
脱水时，噪声大	1. 脱水时，衣物堆放在脱水桶的一边	重新将衣物放置均匀
	2. 排水阀电磁铁心有气隙	更换排水阀电磁铁心或烘干后浸漆
	3. 传动皮带太紧	调整传动皮带的松紧
洗涤时，噪声大	1. 洗衣机放置不平稳	将洗衣机重新放置平稳
	2. 传动皮带太松	重新调整传动皮带的松紧
	3. 洗衣机转轴缺油	转轴内添加润滑油
漏电	1. 电源线绝缘层破损	找出破损处包扎好或更换
	2. 水进入电动机或电器元件	将电动机、电器元件吹干或自然晾干
	3. 导线脱落后与金属件接触	找出脱落导线并重新焊接
电动机发热	1. 含油轴承损坏	更换含油轴承
	2. 定子绕组局部短路	重新绕定子绕组
	3. 含油轴承严重缺油	给含油轴承加油
	4. 传动皮带太紧	重新调整传动皮带的松紧度

2.2 微波炉

微波炉是利用微波对食物的内外同时进行均匀加热的一种新型家用电热炊具，它问世的时间虽然不是很长，但在欧美发达国家却得到了广泛的应用。

用微波炉烹制食物既节省时间又清洁卫生，且烹制出的食品生熟均匀，营养成分散失很少。由于微波炉在生产时所要求的技术含量非常高，加之其先进的工作原理，使得人们将其形象地比喻为"厨房现代化的标志"。

从 20 世纪 80 年代末 90 年代初开始，国内微波炉生产厂家在广泛地引进国外先进的生产技术和设备之后，国产微波炉的年产量越来越大，使得该产品的市场销售价格逐步降到了能被普通家庭所接受的程度；另外，国产微波炉的性能与质量均有了较大幅度的提高，已经接近或达到了国外同类型产品的档次。昔日的"高档电器"现正在逐步进入千家万户，努力改善着我国广大人民的物质生活水平。目前，多数家庭使用的微波炉仍属于普及型的单功能微波炉。随着可编程微处理器在微波炉中的广泛应用，微波炉正向多功能、系列化、组合化、智能化的方向发展。

2.2.1 微波炉的特点与基本结构

1. 微波炉的特点

（1）独特的加热方式。微波炉之所以在较短的时间内得到很快的发展，首先是因为微波炉的独特加热方式非常适合现代家庭生活的需要。微波有两个主要特性：一是吸收性，微波容易被含有水分的物品（包括食品在内）吸收而转变成热；二是穿透性，微波能穿透玻璃、陶瓷容器、食品塑料包装袋等，加热食品并快速制熟，而容器不发热。众所周知，其他任何一种灶具都是采用传统的加热方式，即热量从锅底传到食物，从表面传到内部，使食物慢慢煮熟的。因此热量散失大、热效率低、加热速度慢。

微波是频率非常高的电磁波，其频率为 300～300000MHz。家用微波炉采用（2450±25）MHz 频段。

被加热物质是由许多带正负电荷的分子组成的。正负电荷的极性在未加电场时呈不规则排列，如图 2.6（a）所示；加上外电场后，极性分子就会旋转到沿电场方向排列，如图 2.6（b）所示。电场方向改变，极性分子也相应旋转改变。交变电场的频率越高，极性分子旋转变化的速度就越快，交变电场的强度越强，极性分子摆动的幅度越大。如果将被加热物质放到频率为 2450±25MHz 的交变电场中，电场方向每秒钟变换 24.5 亿次，则被加热物质中分子的极性也随之变化 24.5 亿次。在变化中，分子将产生大量的运动热和摩擦热，从而达到加热的目的。在加热过程中，被加热物质完成电磁能向热能的转换。

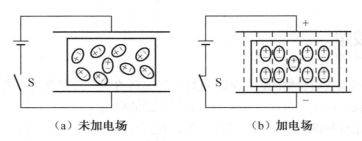

（a）未加电场　　　　　　　　（b）加电场

图 2.6　电场对介质分子的影响

在同一电场中，不同介质的分子极化能力（吸收微波能力）是不同的，因此其发热程度也不同。一般含水物质的分子极化作用强，所以用微波加热食品极易见效。

（2）快速保鲜。使用微波炉对食物进行各种烹饪，不仅能快速烧熟，而且不破坏食物中所含有的对人体有用的各种维生素及营养成分，色泽鲜、味可口，不会有夹生现象。

（3）节能、效率高。微波炉采用独特的食物加热方式，可以在极短的时间内使食物内外一起热，启动速度快，几乎没有热量散失，具有很高的热效率。与其他灶具相比，烹饪时间一般可节省 2/3，节能效果十分明显。

（4）消毒灭菌。使用微波炉加热食物，具有快速消毒灭菌的作用。一般使用高温蒸汽需 30min 才能消灭的细菌，微波炉仅用 4min 就可全部消灭，用上海无线电十八厂生产的飞跃牌微波炉对浓度为每升 10 亿个病菌的纯菌肉汤作杀菌试验，金黄色葡萄球菌、A 群溶血链球菌、鼠伤寒沙门氏菌、宋耐氏志贺氏菌、希氏大肠杆菌均在 6min 内全部消灭，说明使用微波炉对食品的消毒灭菌具有很好的效果。

2. 微波炉的基本结构

微波炉结构如图 2.7 所示，它主要由微波电路、烹调食物部分（转盘支架、玻璃转盘、炉腔等）和电器控制（控制板、定时器、功率调节器等）及安全防护部分（炉门、视察窗、铰链、外壳等）等组成。

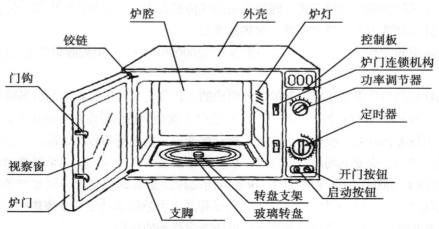

图 2.7　微波炉的结构图

（1）微波电路。微波电路主要用于产生微波，它由高压变压器、特殊二极管、电容器、磁控管等组成，如图 2.8 所示。

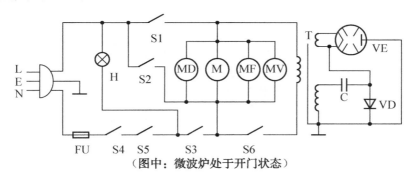

（图中：微波炉处于开门状态）

图 2.8 微波炉电路图

FU—熔断器；S1—副连锁开关；S2—连锁监控开关；S3—主连锁开关；S4—过热保护器；

S5—定时器开关；S6—功率调节器开关；MD—定时器电动机；M—转盘电动机；MF—风扇电动机；

MV—功率调节器电动机；T—高压变压器；VE—磁控管；C—高压电容；VD—高压二极管；H—炉灯

使用时，接通 220V 交流电源，功率变压器的二次侧绕组产生两组电压，一组为 3.35V 的交流电压，提供给磁控管作灯丝电压；另一组为高压 1840V，经倍压电路后成为大约 3680V 的直流（峰值）电压，作为磁控管运转工作电压。磁控管即产生振荡并通过波导管向炉腔内发射振荡频率为 2450MHz 的微波。

（2）烹调食物部分。除炉腔外，为了使食品加热均匀，采用了转盘电动机，它安装在炉腔的底部。当微波发射时，被加热的食品同时在玻璃转盘中运转，使食品较均匀地受到微波的辐射，也就是较均匀地加热。微波炉的炉腔一般采用金属制成，它实质上是一个谐振腔，是微波加热食物的场所，可对微波进行反射，其目的也是为了使食品能均匀地加热，以达到高速理想的烹调效果。

（3）电器控制及安全部分。微波炉的电器控制包括定时器、功率调节器、过热保护器和炉门连锁机构。定时器用来设定微波炉的加热时间，一般采用机械式定时器，由微型永磁同步电动机与减速齿轮、钢铃和数字标盘等组成。普及型微波使用机械定时器规格有两种：一种为 0～30min，另一种为 0～60min。功率调节器采用电动机驱动凸轮机构转动，使功率调节器开关周期性通断，从而使磁控管一会儿工作一会儿停止。为了确保微波炉的使用安全，一般采用碟形控温器作为磁控管的温度开关，安装在磁控管外壳面上，起过热保护作用。当微波炉失控或温升超过额定值时，碟形控温器受热达到预定温度其触点自动跳开，从而使电路电源自动切断。另外，为提高微波炉的安全性，炉门一般按泄漏少于 $1mV/cm^2$ 设计，微波炉整机都由金属壳屏蔽，连炉门也用玻璃金属网罩上，以杜绝微波的泄漏，并在炉门设有安全装置（在开门机构上设有两道微动开关连锁熔断器，使炉门在开启状态下切断电源，确保磁控管不工作），以保障使用安全。

电脑微波炉与一般微波炉相比，主要的区别在于控制面板和控制方式的不同。前者的控制部分是由电脑操作，由电脑单元的功能代替了原机电控制式微波炉中的定时器及功率调节器。

由于采用了轻触式按键取代传统的机械转换开关，因此免去了操作时的机械噪声，减小了开关触点的磨损，延长了微波炉的使用寿命。典型的电脑微波炉控制面板的结构如图 2.9 所示。

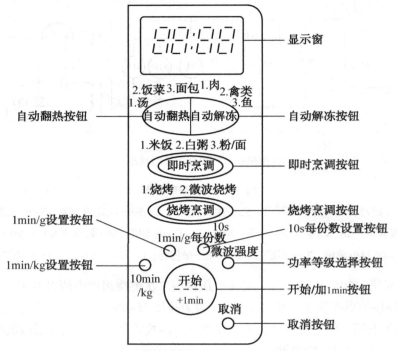

图 2.9　电脑微波炉控制面板的结构图

图 2.9 中，控制面板的上端为显示窗，设置四位平面荧光数码管显示；在显示窗下方，设置各种烹调功能键。轻触功能键，将程序输入微处理器中，显示窗即显示代号。

另外，在磁控管后面的外壳背板上，通过支架安装有风机，一方面给炉腔内通风，将烹调过程中的蒸汽抽出炉外；另一方面给磁控管和高压变压器进行强迫风冷，降低温升。风机由一个单相罩极式电动机和风叶构成。

2.2.2　微波炉的工作原理与检修

1. 工作原理及过程（见图 2.8）

微波炉加热食物是利用磁控管产生 2450MHz 的微波能，经波导传输到炉腔，通过炉腔反射，刺激食物的水分子使其以每秒 24.5 亿次的高速振动，互相摩擦，产生高热以致煮熟食物的。

使用时，关闭炉门，连锁机构作相应动作，主连锁开关 S3 闭合，连锁监控开关 S2 断开，此时微波炉处于准备工作状态。设定定时器某一时间挡次，定时器开关 S5 即闭合，炉灯 H 亮。再将功率调节器电动机 MV 设定在某一挡次上，然后按下启动按钮，副连锁开关 S1 闭合，整个微波炉的回路接通，定时器电动机 MD、转盘电动机 M、风扇电动机 MF 开始工作。

220V 交流电加在高压变压器 T 的一次侧绕组，耦合后，灯丝绕组向磁控管 VE 供电，高压绕组的高压部分经高压电容 C 和高压二极管 VD 组成半波倍压整流电路。整流出 4000 多伏高压加到磁控管两极间，磁控管输出端送出微波，经波导管的传输进入炉腔，从而将炉腔内的食物煮熟。

2. 微波炉常见故障及检修

微波炉常见故障的原因分析与检修方法如表 2.4 所示。

表 2.4　微波炉常见故障的原因分析与检修方法

故 障 现 象	产生故障的机理原因	检修方法和排除措施
接通开关后，不能加热，炉灯也不亮	1. 电源插头与插座接触不良或断线	检查并修理电源插头与插座，并将两者插紧
	2. 熔丝烧断	查明原因并更换熔丝
	3. 炉门没关好	检查是否有异物阻碍门的正常关闭，并将炉门关严
	4. 炉门安全开关接触不良或损坏	用"00 号砂纸"擦磨触点使其接触良好，若严重损坏，则予以更换
炉腔灯亮，但转盘不转	1. 转盘电动机损坏	修理或更换电动机
	2. 连接转盘电动机的导线断路	仔细检查，并连接好断路处
炉灯亮，但不能加热（即不能烹调）	1. 倍压整流与磁控管之间的高压线路开路或短路	逐一检查并排除故障
	2. 高压变压器的高压绕组损坏	重绕高压绕组或更换高压变压器
炉灯亮，但不能加热（即不能烹调）	3. 整流二极管击穿	更换整流二极管
	4. 高压电容器漏电或击穿	更换高压电容器
	5. 磁控管不良	更换磁控管
	6. 炉门安全开关损坏	修理或更换炉门开关
定时器失灵	1. 连接定时器的导线开路	检修并连接好
	2. 定时器触点烧结	修磨两触点
	3. 定时器损坏	更换定时器

2.3　电冰箱

2.3.1　制冷原理和制冷循环系统的组成

自然界中的同一物质，在不同的温度和压力条件下，可能会出现固态、液态、气态三种状态。以水为例，在标准大气压条件下，水温下降到 0℃就结成固态的冰；而水温升高到 100℃，水就会沸腾形成水蒸气，这就是水的三种状态。

物质从一种状态变为另一种状态，称做物态变化。其中，物质由液态转变为气态的过程称做汽化；而由气态转化为液态的过程称做液化。可见，汽化与液化在物态变化中构成了一个循环系统。如在一个封闭的系统中，水经汽化变成水蒸气，而水蒸气经液化又变成水。当然，汽化或液化过程的发生与物质的性质、温度和所受到的压力有着密切的关系。而且，物态变化的过程，同时也是冷热交换的过程。

物质汽化的过程，通常需要从周围环境中不断吸收热量。当它达到沸点温度时，就不再升温。因此沸点是物质汽化时的最高温度。水的沸点温度为 100℃，因此在标准大气压下最高水温也只能是 100℃。当然，水的汽化可以在 0～100℃之间的任何温度上发生，当在水温较低的情况下发生汽化时，因吸热会使周围的温度降低。如在炎热的夏季，地上洒些水会使人感到稍微凉爽一些，就是因为地上的水汽化时吸收了周围空间的部分热量。但水的汽化温度，最低不超过 0℃，而且水温较低时汽化吸热不明显，因此水不能作电冰箱的制冷剂。

在以往的制冷机研制中，人们通常把氟利昂 12（R12）、氟利昂 22（R22）和氨作为制冷剂。原因之一就是它们的沸点很低，因此这些物质极易汽化，而且汽化时吸热能力很强，可以使一定的密封空间制冷到零下十几度。电冰箱等制冷设备就是利用这些制冷剂，在汽化过程中吸收周围物质的热量来制冷的。

在电冰箱中，制冷剂的汽化过程是一种自然发生的过程，就像泼在地上的水会自然地蒸发，变成水蒸气的汽化过程一样。但是要想使制冷剂的汽化过程连续不断地进行，还必须将汽化了的气态制冷剂进行液化，使物态变化构成一个循环体系。

各种气体在一定的温度和压力下都可以转化为液体，但液化的条件与物质本身的性质有关。有些气体在温度较高时，增加压力可以液化；而有些气体只能在低温时，增加压力才能液化。当然也有一种临界情况，就是当气体的温度升高超过某一数值时，即使再增加多大的压力也不能使气体液化了，这一温度就称为"临界温度"。在此温度下，使气体液化的最低压力，称做"临界压力"。表 2.5 列出了几种制冷剂的临界温度和临界压力。

表 2.5　几种制冷剂的临界温度和临界压力

名　　称	临界温度（℃）	临界压力（N/cm²）
R12	112.04	411.50
R13	28.78	386.00
R22	96.13	498.58
R717（NH_3氨）	132.5	1105.15

电冰箱选用的制冷剂，一般都是选用临界温度较高的物质（如氟利昂 R12、氟利昂 R22 和氨等）。电冰箱将制冷剂气体液化的方法，是利用压缩机增大压力来完成的，而且在压缩机增加气体压力时，由于制冷剂的临界温度较高，气体液化也就可以在较高的温度条件下进行，然后再通过冷凝器，在电冰箱体之外将液化之后携带的热量向周围空间散发，

并逐渐释放压力恢复到低温的液体状态。这就是伴随物态变化所进行的冷热交换过程。

制冷循环系统主要由压缩机、蒸发器、冷凝器、过滤器、积液管和毛细管组成，如图 2.10 所示。

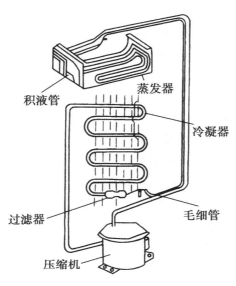

图 2.10 电冰箱制冷系统

1. 压缩机

压缩机是压缩式制冷循环系统的"心脏"，其作用是将电动机的旋转运动转换为活塞在气缸内的往复运动，从而将蒸发器中吸热汽化后的低温低压氟利昂蒸气吸入并压缩成高温高压的氟利昂蒸气，经过高压管送入冷凝器后最终释放热量。

2. 蒸发器

蒸发器是制冷循环系统中的一个重要的热交换器件。当从毛细管送出的低温低压的氟利昂制冷剂液体进入蒸发器时，由于蒸发器内的压力很小，进入蒸发器的液态氟利昂制冷剂便会吸收周围被冷冻或冷藏食品的热量，或者吸收周围环境空气的热量，使液态氟利昂沸腾汽化为低压的氟利昂蒸气。在电冰箱制冷循环过程中，蒸发器内的低压一般为 (4.9×10^4) N/m² 左右。

3. 冷凝器

冷凝器是制冷循环系统中的另一个重要的热交换器件，其作用是将压缩机送来的高温高压的氟利昂的热量散发给周围空间的冷却介质——空气，使之凝结成为高压的氟利昂液体。在冷凝器中，氟利昂的温度降低，同时凝结为液体，但是其中的压力却保持不变。在电冰箱制冷循环过程中，冷凝器内的高压一般为 (1.176×10^6) N/m² 左右。

4. 过滤器

过滤器又称为干燥过滤器，其主要作用就是滤除循环系统中氟利昂制冷剂里的水分和杂质。在制冷循环系统中，虽然制冷循环系统是一个封闭的循环系统，但是在注入制冷剂时，总有极少量的水分和微量的杂质混入制冷剂中，这些水分和杂质如果进入毛细管中，则会造成毛细管的堵塞，于是在制冷剂进入毛细管之前，必须经过过滤器进行干燥和滤除杂质处理。

5. 毛细管

毛细管又称为节流管，是制冷循环系统中的节流降压器件，当高压的氟利昂制冷剂液体经过毛细管时，被节流降压为低压的氟利昂制冷剂液体。这种节流作用，一方面使得冷凝器内保持一定的高压，保证气态制冷剂在室温下冷凝液化；另一方面又使蒸发器内维持一定的低压，有助于液态制冷剂在蒸发器内吸热沸腾而汽化。

在电冰箱的制冷循环过程中，蒸发器作为降温部件，安装在箱体内壁，而冷凝器作为散热部件安装在箱体外或箱体外壁。对于空调器的制冷循环系统中，蒸发器安装在室内作为降温部件，冷凝器则安装在室外作为散热部件。

2.3.2 电冰箱的分类

家用电冰箱属于中小型制冷设备。其功能主要是针对食品的存放或夏季自制冷饮，起到食品保鲜、冷冻、冷藏的作用。家用电冰箱的种类较多，分类方式也多种多样，通常可按如下进行分类。

1. 按用途分类

电冰箱按用途分类可分为冷藏冰箱、冷藏冷冻冰箱、冷冻箱（或叫冰柜）。冷藏冰箱，通常是指单门冷藏箱或冷藏柜，箱内温度在 0～10℃之间，主要用于冷藏食品。冷藏冷冻冰箱是兼有冷藏、冷冻功能的电冰箱，通常为多室多门冰箱，冷冻室与冷藏室相互隔离，各有所用。冷冻室温度在 0～-2℃或 0～-18℃左右。冷冻箱主要用于冷冻，其温度在-18℃以下。

2. 按放置方式分类

电冰箱按放置方式分类可分为台式、立式、卧式等。台式冰箱容积最小，一般在 30～50L。使用时一般是放在桌子或台子上。立式和卧式冰箱，使用时都是置于室内地面上。目前家用冰箱，从节省占地面积考虑，多采用立式冰箱。卧式冰箱主要用于饮食商店。

3. 按箱门的形式分类

电冰箱按箱门的形式分类可分为单门和多门冰箱，如图 2.12 所示。单门冰箱，一种是家用单门冷藏冰箱，门朝前开；另一种是单门冷冻冰柜，门朝上开。多门冰箱，有双门、三门、四门多种。多门冰箱具有冷冻室、冷藏室；冷藏室又可分果菜室、禽蛋室、鱼肉室等；门越多室就越多，通常总容量也就越大，设备功能越齐全，价格也越贵。因此，双门冰箱比较经济实用，在国内使用最为广泛，但目前国外趋向于使用四门或五门冰箱。

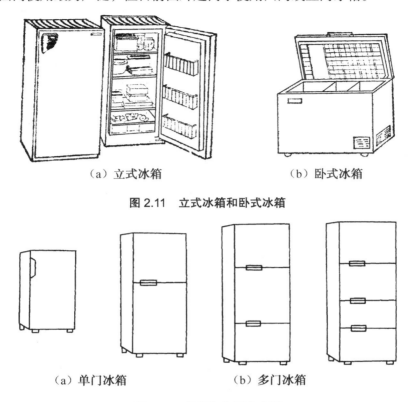

（a）立式冰箱　　　　　　　　　（b）卧式冰箱

图 2.11　立式冰箱和卧式冰箱

（a）单门冰箱　　　　　　　　　（b）多门冰箱

图 2.12　单门和多门电冰箱

4. 按冷却方式分类

电冰箱按冷却方式分类可分为直冷式和间冷式两种。直冷式又称自然对流式或称有霜式电冰箱，其冷冻室是由蒸发器直接围成的，因此在蒸发器的表面会结有冰霜。间冷式又称强制对流式或无霜式电冰箱，其冷冻室的冷却是靠风扇将蒸发器周围的冷气强制吹入来实现的。

5. 按冷冻室温度分类

电冰箱冷冻室的冷冻温度等级是按星级来规定的。冷冻温度是指在冰箱冷冻室内放置一定数量的冷冻负荷运行 24h 后所能达到的温度。通常设置有 4～5 个等级，如一星级、二星级、高二星级、三星级等。电冰箱的星级如表 2.6 所列。

表 2.6　电冰箱的星级

星　　级	星 级 符 号	冷藏室温度	冷冻室温度	冷冻室食品储存期
一星级	*	0～10℃	-6℃以下	1星期

续表

星 级	星 级 符 号	冷藏室温度	冷冻室温度	冷冻室食品储存期
二星级	[* *]	0～10℃	−12℃以下	1 个月
高二星级	[* *]	0～10℃	−15℃以下	1.8 个月
三星级	[* * *]	0～10℃	−18℃以下	3 个月
四星级	[* * * *]	0～10℃	低于−24℃	6～8 个月

2.3.3 电冰箱的基本结构

电冰箱的基本结构主要由箱体、制冷系统、控制系统、存放物品的附件组成。

1. 箱体

箱体包括冰箱的外壳体、门壳、箱内胆、门内胆、隔热层、顶面装饰板、磁性门封、门铰链等。箱体的作用主要是防止冰箱内的冷气外泄和阻止冰箱外的热气侵入。箱体的外壳和门壳，一般都是用 0.6～1.0mm 的冷轧钢板，经加工处理制成的。为了美观耐用，表面再经过磷化、涂漆或喷塑处理。

箱内胆、门内胆通常采用 ABS 板或改性聚苯乙烯板，经加热干燥处理，做成凸或凹模真空形；其隔热层所用的隔热材料，一般用聚氨酯泡沫塑料或超细玻璃棉。

为了保证箱体的密封性，门与箱体间的空隙采用磁性门封，它由塑料门封条和磁性胶条两部分组成，其结构如图 2.13 所示。

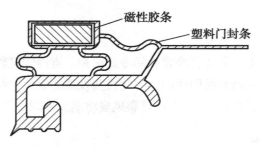

图 2.13　电冰箱门封

2. 制冷系统

如前所述，制冷系统主要包括全封闭式压缩机、冷凝器（散热器）、毛细管、蒸发器和过滤器等。制冷系统的作用主要是在动力压缩机的作用下，使制冷剂沿着一定的方向不断地循环运动。吸收冰箱内的热量，使箱内温度下降，以达到制冷的目的。

3. 控制系统

电冰箱的控制系统由各种控制装置构成，其中主要包括有温度控制装置、化霜控制装置、除霜控制装置、过流过热保护装置等。它们的作用主要是保证和保护电冰箱的正常运转。

4. 存放物品的附件

这些附件主要有搁架、果菜盒、接水盘、制冷盒、蛋架、瓶格等。

2.3.4 电冰箱常见故障及处理方法

电冰箱的故障分为机械故障和电气方面故障，下面将常见的故障现象、原因及检修方法一一列出，供检修时对照参考（见表2.7至表2.13）。

表 2.7 怀疑是故障但并不是故障的现象、原因及检修方法

故 障 现 象	故障原因及检修方法
电冰箱在启动时有响声	这是重锤式启动继电器衔铁动作的声音，启动开始时吸合，启动后脱开
运行时有"沙沙"声	这是制冷系统中制冷剂流动的声音，自压缩机排出的高压气体进入冷凝器
压缩机停机后，电冰箱有"咕噜噜"流水声	停机时制冷系统高低压侧压力不平衡，液体制冷剂继续流向蒸发器
直冷式电冰箱开机后箱内有轻微的爆裂声	开机后蒸发器制冷，表面水分在短时间内冻结、膨胀，发出声音
化霜时也有与上述类似的声音	化霜时温度升高，结实的霜开始膨胀、剥裂，发出声响
压缩机工作时，压缩机与冷凝器都是发热的	压缩机工作时发热是正常的，夏天还可能发烫；冷凝器温度高，向外散热
电冰箱首次工作时，要连续工作2～3h才停机	由于开机时箱内外温度一样，要经过较长时间温度才会降下来
插上电源后，压缩机没有运转，电冰箱不冷	检查电源插头是否插紧，电源熔丝是否断路，温控器是否在"停"位
箱内温度不够低,冷冻室内食品没有冻结发硬	检查箱门是否关紧，放进的食品是否太多，开门是否过于频繁
冷藏室温度太低,放在上部的食品有冻结现象	温控器旋钮在强冷位置；间冷式冰箱的风门开度太大
电冰箱震动大，噪声大	地板不结实；垫脚不平；电冰箱壳靠墙太近。调节电冰箱底部调平螺钉，加固地板，将电冰箱两侧及背面移开墙面100mm以上
箱壳外表有结霜	外界空气湿度太大

续表

故 障 现 象	故障原因及检修方法
箱壳两侧发热	内藏式冷凝器在两侧安装向外散热
压缩机运转时间长，制冷能力下降	蒸发器结霜过厚，应及时除霜

表 2.8　压缩机不启动故障的原因分析与检修方法

产生故障的机理原因	检修方法和排除措施
1. 电源停电、插头松动或损坏	检查电源是否有电，插头接触是否良好
2. 电源电压过低	检查电源供电电压，装置调压器
3. 熔丝熔断	换用相同规格的熔丝
4. 导线断路	用万用表找出断线处，换用新导线
5. 温控器旋钮在"停"位置	检查温控器旋钮位置，把温控器旋钮转至工作位置（数字处）
6. 温控器断路	先短路温控器，再检查压缩机是否运转；更换温控器

表 2.9　压缩机不停机（或运转时间过长）故障的原因分析与检修方法

产生故障的机理原因	检修方法和排除措施
1. 制冷剂不足或者泄漏	若压缩机发热、蒸发器不结霜，应检查管路系统焊接处是否有油迹。发现泄漏，重新干燥、抽真空、加制冷液
2. 水分或杂质堵塞制冷系统管道（冰堵或脏堵）	若压缩机非常烫、蒸发器不结霜，应检查堵塞零件并换掉，重新干燥、抽真空、加制冷液
3. 温控器失控或调节不当，温控器感温管放置位置不当	若蒸发器结霜正常，箱内温度过低，则检查温控器并把它旋至适当位置，把感温管固定在正确位置（一般以贴在蒸发器表面为宜）
4. 冷凝器表面积尘过厚或通风散热不良	清除冷凝器表面的灰尘，把电冰箱放置在远离热源、通风阴凉处
5. 环境温度过高或箱内储藏食物过多	把电冰箱移至凉爽通风的地方，适当减少食物的储藏量
6. 压缩机阀片破损或漏气，造成制冷能力降低	修理或更换压缩机
7. 压缩机转速过低（电压低）	测量电源电压，装设调压器（稳压器）
8. 磁性门封不严，保温不好	调整箱门，修理或更换磁性门封条
9. 照明灯长亮不熄	轻压门灯开关，检查照明灯是否熄灭；修理或调换门灯开关
10. 电冰箱门开启频繁或开启时间过长	减少开门次数，缩短开门时间

表 2.10　压缩机运转噪声大故障的原因分析与检修方法

产生故障的机理原因	检修方法和排除措施
1. 压缩机内悬挂弹簧折断	压缩机内发出"咝咝"敲击声，用手摸压缩机壳振动很大。修理或更换压缩机
2. 管道与箱体背面接触或者互相撞击	检查压缩机附近的高压管及各处管道是否牢固，把相互撞击的管道适当移开一定距离
3. 压缩机严重磨损或润滑不良	切开修理或者更换压缩机，添加适量润滑油
4. 压缩机底部的固定螺钉松动	重新紧固固定螺钉
5. 压缩机内液面过高，造成压缩机吸液现象	重新调整加液量
6. 环境温度过高或储藏食物过多，造成压缩机负荷过大	降低环境温度（移位），减少食物储藏量，降低压缩机工作负荷

表 2.11　不制冷或制冷能力下降故障的原因分析与检修方法

产生故障的机理原因	检修方法和排除措施
1. 制冷剂严重泄漏	检查制冷系统各焊接处是否有渗"油"痕迹。如果油迹不明显，可用洁白的棉花（或白纸）按住焊口，观察是否有油迹。若有泄漏，重新干燥，抽真空，加液（制冷剂）并修复渗漏处
2. 脏堵或冰堵（系统内有杂质和水分）	更换堵塞零件（主要是毛细管或干燥过滤器），重新干燥、抽真空、加液
3. 压缩机阀门损坏或严重泄漏	压缩机照常运转，但没有排气，不制冷，修理或更换压缩机
4. 温控器调节不当或温控器感温管位置不正确	检查温控器是否失灵，再检查感温管位置是否适当。若失灵，更换温控器。否则，调整温控器和感温管
5. 制冷系统内有残余空气	压缩机顶部和冷凝管道表面温度很高。重新干燥、抽真空、加液
6. 制冷剂充注量过多，使得过多的制冷剂进入蒸发器，造成蒸发不良，制冷能力降低，电动机的工作电流增大	放出多余的制冷剂
7. 箱门磁性密封条严重变形或损坏，使热空气侵入，出现"跑冷"现象	修理或更换磁性门封条

表 2.12　箱内温度过高故障的原因分析与检修方法

产生故障的机理原因	检修方法和排除措施
1. 箱内放入食物过多过满，影响冷气流动	适当减少食物储藏量，留出合适的间隙，便于冷气自由循环流动
2. 电冰箱内风扇不转动（指无霜电冰箱）	检查风扇电动机是否损坏，若损坏，修理或更换
3. 结霜层过厚	及时除霜
4. 箱门密封不严，漏冷严重	修正箱门位置，更换磁性门封条

续表

产生故障的机理原因	检修方法和排除措施
5. 毛细管等管道轻微堵塞	更换堵塞件，重新干燥、抽真空、加液
6. 压缩机制冷效率低	修理或更换压缩机
7. 温控器或感温管位置不当或失灵	调整至适当位置，修理或更换
8. 关门后箱内灯不熄灭	检查灯开关，修理或更换
9. 灯开关受潮短路	更换照明灯开关，去潮

表 2.13　其他故障的故障现象、故障原因分析与检修方法

故　障　现　象	故障原因及检修方法
蒸发器很容易结霜	检查箱门是否密封（由于外界空气侵入箱内，水分凝结在低温的蒸发器上，造成结霜过快），应当检修门封条和箱门
化霜未完就启动或化霜完毕不启动	检查温控器化霜机构是否失灵。修理或者更换温控器
人体接触电冰箱外壳有麻电感觉	电冰箱没有接地或接地不良，也可能是电气元件、导线等绝缘下降。查出后修复
电动机启动后，过载保护继电器周期性地跳开	1. 电源电压不稳
	2. 压缩机散热不良，电动机冷却不良
	3. 过载保护继电器有毛病
启动继电器容易烧坏，使压缩机不能启动	1. 继电器振动，换新的
	2. 压缩机停开时间过短，应调整温控器的触点距离
	3. 装配不当，换新的
	4. 电源电压过低，调整到不低于正常值的 10%
	5. 电源电压过高，调整到不高于正常值的 10%
旧电冰箱制冷能力降低，箱内不能维持较低的温度	1. 制冷系统有渗漏，制冷剂不足，应检查渗漏和重新充注制冷剂
	2. 毛细管内聚积蜡和污物，应拆修
电冰箱内有异味	1. 放进的食物未包装，散出异味
	2. 温度偏高，冷藏室食品腐烂变质，产生异味

习题 2

1. 试述洗涤剂的去污过程。

2. 洗衣机有哪些分类？有哪些特点？

3. 滚筒洗衣机的特点是什么？

4. 全自动洗衣机不能注水的原因有哪些？

5. 微波炉的加热原理是什么？

6. 微波炉的优缺点是什么？

7. 简述电冰箱的制冷原理。

8. 电冰箱振动大、噪声大的原因是什么？

第 3 章

音、视频产品的基本知识

3.1 音、视频产品的种类

按照能量转换方式，一般将音、视频产品分为两类：电声设备、视频设备。

1. 电声设备

常见的电能转换的结果主要表现为声能的电声设备有收音机、录音机、扩音机、电唱机（留声机）、CD 机、卡拉 OK 机、随身听、MP3 播放器等。

2. 视频设备

常见的电能转换的结果主要是为了重现图像的视频设备有电视机、录像机、摄像机、VCD 机、DVD 机、投影机（正投影和背投影）、液晶电视机等。

3.2 音频产品概况

3.2.1 收音机

收音机主要任务是将电台发射的电磁波接收下来，并把它还原为原来的信号。为了完成这个任务，收音机应具备三项功能：选台功能、解调功能和电声转换功能。

1. 收音机的分类

按收音机使用的电子器件分为电子管收音机和半导体收音机。半导体收音机又分为分立元件收音机和集成电路收音机。电子管收音机由于体积大、耗电高，已被淘汰。现在还在使用的半导体收音机，多为集成电路收音机。

国产收音机按性能指标、波段数及附加装置等不同可分为特级、一级、二级、三级和四级。一般地说，特级机有四、五个短波段，音质纯净，高、低音调节范围大，功能齐全。一级机短波段有三个以上，可以收听到世界各国大功率电台的广播节目，中波段磁性天线可以旋转调节，还设有机内短波天线和调谐指示器等。二级机具有音调自动补偿装置、外接扬声器连接装置，声音悦耳动听。三级机有中、短波段。四级机是普及型收音机，一般只有中波段。

按调制方式来分，可分为调幅（AM）广播收音机、调频（FM）广播收音机、调频立体声广播收音机、调频/调幅广播收音机。市场上供应的国产收音机，凡不专门注明的，一般均为调幅广播收音机。

按收音机的体积大小又可分为台式、便携式、袖珍式和微型。

2. 调幅、调频收音机和调频立体声收音机

（1）调幅收音机。早期的调幅收音机采用的是直接放大式接收机，对由天线接收来的高频信号进行选择放大，经检波器解调后的音频信号通过音频放大送至扬声器。这种收音机电路简单、成本低、安装方便。但是由于其信号选择性和灵敏度差，因此现在很少采用。

为了保证接收机有足够的灵敏度和选择性，现代的广播接收机，不论是收音机还是收录机，不管是调幅接收还是调频接收，几乎都采用了超外差原理。所谓超外差是指把高频载波信号变换成固定中频载波信号的过程。图3.1为超外差式调幅接收机方框图。

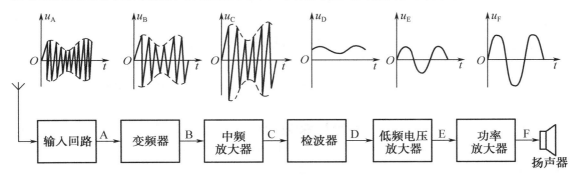

图3.1 超外差式调幅接收机方框图

从天线感应得到的电台载波调幅信号，经输入回路的选择（有的再经过高频放大）进入变频器。变频器中的本机振荡频率信号与接收到的电台载波频率信号在变频器内经过混频作用，得到一个与接收信号调制规律相同但具有固定不变的较低载频的调幅信号，混频后得到的这个载频称为中频。经中频放大后得到的中频信号仍是调幅信号，必须用检波器（解调器）把原音频调制信号解调出来，再由低频电压放大器、功率放大器放大后送入扬声器发出声音。

（2）调频收音机。频率调制与幅度调制相比最大的优点是抗干扰能力强。调频广播的频带比较宽、音质好、信噪比高、抗干扰能力强。调频广播的应用，解决了中波广播电台频率拥挤现象，因此受到广泛的欢迎。特别是近几年来，调频广播开播了双声道立体声广播，优质的音响效果受到了广大听众的青睐。图3.2为超外差式调频接收机方框图。

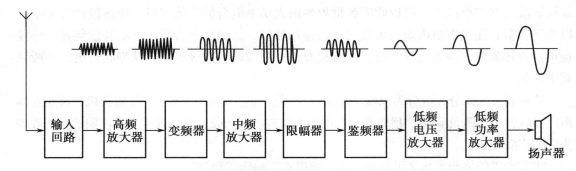

图 3.2　超外差式调频接收机方框图

接收天线将各电台的调频信号送至输入回路，经初步选台后将所需要接收的电台信号送至高频放大器进行放大，放大后的信号与本机振荡信号在变频器中进行变频，再由选频回路选出 10.7MHz 的差频信号送至中频放大器进行放大，然后再经限幅器限幅；削去调频波的幅度变化。限幅后的中频调频信号送至鉴频器，解调出音频信号，最后经低频电压放大、低频功率放大推动扬声器发出声音。我国规定调频收音机中频为 10.7MHz，采用国际标准波段 88～108MHz。

（3）调频立体声收音机。当我们在倾听某一声源发出的声音时，两耳接收声波会有一定的时间差、声强差和相位差。双耳感觉上的这些差别，使我们具备了声像定位能力。比如我们坐在听众席上欣赏舞台上交响乐团的演出，可以准确地判断出各种乐器，各个声部的位置，对乐队的宽度感、深度感及分布感很明显。人耳的这种效应称为"双耳效应"。"双耳效应"是我们享受立体声得天独厚的条件。立体声技术正是模仿人的"双耳效应"而实现的。图 3.3 是音频立体声系统的示意图。图中模拟双耳的左右话筒拾到乐队现场演出的声音信息，经左、右两路相同的高保真放大系统放大后重放。当我们处于两路扬声器之间的一定位置时，就会感觉到原来乐队的立体声像，具有身临其境的现场感。双声道立体声虽然还不能把现场复杂的综合信息完全再现出来，但它所表现出的音乐宽阔宏伟、富于感染力，是单声道放声系统所无法比拟的。

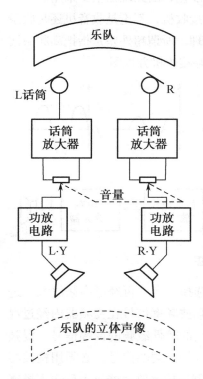

图 3.3　音频立体声系统的示意图

自 1961 年 6 月美国实现调频立体声广播以来，由一个载频传送左右两个声道的立体声广播系统得到迅速发展。由于调频广播的优越性能，立体声广播节目都采用调频方式。

实现立体声广播的方式有多种，目前实现的立体声广播制式只有三种，它们是导频制、极化调制式和 FM-FM 制。其中被广泛采用的是导频制。我国把导频制作为立体声广播制式。

导频制的主要优点之一是具有兼容性。所谓兼容，就是普通单声道调频收音机也可收听立体声调频广播；立体声调频收音机也可以收听单声道调频广播。当然，放声都是单声道的。调频立体声收音机比单声道调频收音机增加了立体声解码器。立体声解码电路的功能是将立体声复合信号中的左声道（L）信号和右声道（R）信号分离出来。再用两个声道的低频放大器分别对 L 信号和 R 信号进行放大，放大后的音频信号分别送到左声道扬声器和右声道扬声器发出声音。

随着数字集成电路的应用，新型的全数字调谐收音机已经得到广泛的应用。数字调节具有调节精度高，定位准确，无机械磨损和机械噪声，调节方便等优点。今后的收音机将向全数字化方向发展。

3.2.2 录音机

录音机是一种能把声音信号转换成电信号，再通过电磁转换记录在磁带上，并能把磁带上的磁信号还原成声音的一种装置。声电转换和电磁转换分别通过话筒和磁头来实现。如果把收音机加到录音机中合二为一，便成了"收录两用机"，简称收录机。

1. 录音机的发展

丹麦人波尔森（V.Peulsen）通过研究，于 1898 年发明了最早的磁性录音机。机器以钢丝作为磁性载体，以电磁铁作为磁化钢丝的工具，电磁铁的线圈与碳粒话筒及电池相串联。当对着话筒讲话时，线圈有音频电流通过，钢丝被磁化，声音被记录在钢丝上。这种录音机只能用耳机收听微弱的声音。采用电子管放大后，钢丝录音改成钢带录音，进而出现了纸基录音磁带，1930 年后制出了以乙烯树脂、醋酸纤维、涤纶等塑料为带基的磁带。1958 年，瑞士率先研制出全晶体管录音机。1963 年，荷兰飞利浦公司发明了盒式录音机并获世界专利，盒式录音机使用统一规格的磁带，全世界通用。在 20 世纪 60 年代中期，欧洲一些国家和日本先后研制了两声道、四声道、八声道立体声录音机。

最近几年，人们在盒式录音机上装置了一些智能化的系统，有的在机器上装置微处理器。它们的主要作用是：编制工作程序，显示工作状态，自动搜寻节目位置，对使用的磁带进行识别，并根据磁带的不同特性自动调整偏磁、均衡、灵敏度至最佳位置，从而保证录音质量，实现自动选听、定时、计数或两点间反复放音等。

在录、放音电路中，采用杜比电路或其他降噪系统降低磁带的背景噪声。杜比系统是目前最广泛采用的降噪系统，它主要降低 1kHz 以上的噪声，降噪效果达 10～20dB。在收录两用机上的调频杜比降噪电路，不仅能抑制磁带上的背景噪声，还可以抑制调频广播的噪声。有些盒式录音机还具有选听、复听、自动选曲和编辑功能等。

盒式录音机发展到今天，已达到了相当高的技术水平。一些高性能部件的应用提高了机构的性能，如直接驱动电动机，高密度铁氧体磁头，高硬度坡莫合金磁头、精密机械零件等；采用优良电路，如杜比降噪电路等；使用高性能磁带，如低噪声磁带，铬带、铁铬磁带、金属磁带和其他高性能磁带；同时还具有一些新功能，如自动停止机构，记忆倒带机构，遥控、无人录音机构，走带指示，峰值电平指示等。

盒式录音机将向多功能、全遥控、高保真、全数字化方向发展。

2. 录音机的分类

磁带录音机根据磁带的不同分为盘式磁带录音机、卡式磁带录音机和盒式磁带录音机三种。由于盒式磁带录音机的录音载体是小巧的盒装磁带，具有结构简单、造型美观、操作方便、便于携带等优点，因此目前使用最为广泛，并已在家庭中普及。

（1）录音机按其结构和形状分，有落地式录音机、台式录音机、便携式录音机、袖珍式录音机、微型录音机等。

（2）录音机按其功能分，有以下几种：

① 单放机：它只用于放音，既不能收音也不能录音。

② 录放机：这类机器无收音部分，只能录音和放音。

③ 单声道收录两用机：指带有收音机的录音机。这种收录机在收音时，可录下所收电台的节目。

④ 立体声收录机：这种机器可用来录制和播放立体声音乐，并有四只扬声器即每个声道用高低音扬声器各一只。

⑤ 双卡式立体声收录机：在一般情况下，复制磁带节目需要两台录音机，双卡式立体声收录机只用一台就可以复制磁带节目，有的双卡式还设有快速录音，大大节省复录时间。

⑥ 大盒式录音机：普通盒式录音机存在走带不稳，噪声大，动态范围小等缺点。为克服上述缺点而研制了大盒式录音机。它的带盒尺寸为 150mm×l06mm×18mm，磁带宽为 6.25mm。

3. 盒式录音机的基本组成

录音机的结构如图 3.4 所示。

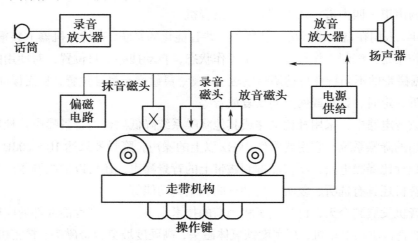

图 3.4　录音机的结构

（1）磁头。磁头是磁带录音机中的电磁转换器件。高级录音机中有三个磁头。

① 录音磁头。录音磁头将话筒或线路输入的音频信号通过电/磁转换变成磁信号，并记录在磁带上。

② 放音磁头。放音磁头把已录音的磁带上的磁信号转换成音频电信号。

③ 抹音磁头。其作用是将录音前磁带上的原有磁信号抹去。

由于录、放音磁头只是功能相反，因而在普及型录音机中的录音磁头和放音磁头合二为一，称为录放磁头。

（2）走带机构。走带机构的作用是驱动磁带按一定速度要求走带，从而在录音时把随时间变化的声音信号记录在磁带的不同长度位置上；放音时，能把磁带不同位置上记录的磁信号变成随时间变化的电信号，通过扬声器发出声音。

走带机构除了具有录、放音所必须的恒速走带功能外，还具有选择磁带位置所必须的快进和倒带功能，并能在停止走带时提供制动力和实现各种走带状态之间的控制、变换等。

在盒式录音机中，电动机、走带机构、磁头及各按键等组成一体，俗称"机芯"。

（3）录放电路。盒式录音机中的电路一般包括录、放音所必须的前置放大和频率补偿电路、偏磁振荡电路、自动电平控制电路、电平指示电路、功放电路等。在高档录音机中，为了提高音质还设有杜比降噪电路。立体声录音机中有左右两套相同的放大电路。收录机中还包含全部的收音电路。

3.2.3 电唱机

电唱机按照换能方式不同分为普通电唱机和激光电唱机（CD机）。

1. 普通电唱机

普通电唱机是一种机—电换能装置，当唱针在唱片的音槽中做机械振动时，该振动就被转换成相应的电信号，通过电路放大，由扬声器放出声音。

普通电唱机按其重放声道分为单声道和双声道（立体声）两类。按照转速分，目前使用的主要是具有 33r/min 和 45r/min 两种转速的唱机。

（1）普通电唱机的结构和工作原理。普通电唱机由电动机、唱盘、变速装置和拾音器组成。各部分工作原理如下：

① 电动机是唱机的动力部件，一般电唱机中都采用罩极式单相交流电动机，具有结构简单、体积小、重量轻、转速稳定等优点。

② 唱盘用金属制成，它的作用是承托与运转唱片，稳定电动机的转速。

③ 目前电唱机中变换速度的方法有两种：一种是采用凸轮变速；另一种是采用按键。它们的作用都是一样的，使橡皮轮上下活动，与电动机主轴上不同挡位的宝塔轮摩擦以改变转速，如图 3.5 所示。一般宝塔轮有两种或四种不同的轮径，以示不同挡位，当大的轮径与橡皮轮接触时，电唱片或光盘的转速就快，小的轮径与橡皮轮接触时唱片的转速就慢。根据宝

塔轮的不同轮径，能得到两种或四种不同的转速。

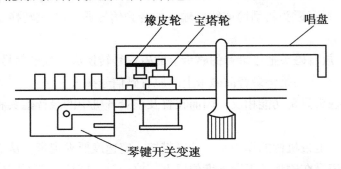

图3.5　电唱机变速装置

④ 拾音器，它是将唱针在唱片音槽移动时所产生的机械振动变换为相应的电信号的一种换能器。拾音器由音臂、唱头（拾音头）、唱针三部分组成。拾音器主要有压电式拾音器（又称晶体唱头）和电磁式拾音器（又称动圈式唱头）两类。

（2）唱机及唱片的使用常识。应注意以下几点：

① 使用唱机时应放平、防震。否则将会引起唱针不正常的跳动，从而使声音失真或产生杂音，严重时还可能损坏唱针或唱片。

② 唱盘的转速应和唱片的要求旋转速度吻合，否则会产生失真并损坏唱片和唱针。

③ 有的唱头上有两个唱针，其中有红点标志的供放密纹唱片用，有绿点标志的供放粗纹唱片用，二者不能混用。

④ 当发现唱针损坏时，应及时更换新唱针，否则放唱片时就会出现滑槽现象并损坏唱片。

⑤ 唱针使用一定时间后，针尖就会磨损，使针尖半径加大而加速磨损唱片。一般情况下，使用50～200h后应更换新唱针。

⑥ 在单声道唱机上，不宜放唱立体声唱片，否则会加速唱片纹槽的磨损。在立体声唱机上不仅可以放唱单声道唱片，而且重放效果比单声道唱机好。

⑦ 电动机的转动部分应经常保持清洁和润滑。

⑧ 在唱机不使用时，应将变速旋钮调回到"0"位置，以防传动轮上的橡胶长期受压变形。

⑨ 电唱机的连续使用时间不要超过4h，以防烧坏电动机。

⑩ 放唱片时，待唱机运转正常后，再把唱头轻轻地放在唱片的引入槽内。不要先把唱头放在唱片上，再启动唱盘。

⑪ 唱片应保持清洁，不要落上尘埃，也不要用手捏声槽部分。

⑫ 唱片使用前用软绒布轻轻地擦拭，用毕应装入封套。

⑬ 若唱片上灰尘较多，可用软绒布浸水挤干后轻轻地擦拭，也可用肥皂水洗涤，但忌用汽油、丙酮等有机溶剂洗涤。

⑭ 唱片忌热，切忌暴晒和受热，应放置在阴凉通风处。

⑮ 唱片存放时要平放。不要相互摩擦，叠放张数不宜过多。

⑯ 储存唱片处不要放置丙酮、樟脑等物。

2. CD 机（激光电唱机）

CD 机（激光电唱机，又称镭射唱机）是一种新颖的光—电换能装置。CD 机的拾音器与光盘不直接接触，而经过激光束照射，经反射后再由拾音器接收，且 CD 光盘采用数字记录。因此 CD 机具有普通唱机无可比拟的优点：抖晃率为零，动态范围超过 90dB，频率范围为 20Hz～20kHz，左、右声道分离度达 85dB 等，而且光盘寿命长。

（1）CD 光盘。如图 3.6 所示，CD 光盘的直径一般为 120mm 或 80mm（图中为 120mm），厚度 1.2mm，最长播放时间为 74min。CD 光盘的基片是透明的聚碳酸酯，在基片的凹槽面镀上一层 0.05～0.08μm 厚的铝（银）反射膜，外层再涂一层透明塑料保护层。CD 光盘的信号面有一连串的凹坑信号槽，每个凹坑约宽 0.5μm，深 0.11μm，长 0.9～3.3μm。槽与槽之间的距离为 1.6μm。这些凹坑记录了二进制的数字信号。光盘上的记录范围分为导入区、节目区和导出区。导入区所记录的是光盘中节目的时间段落，如曲目数、占用时间等。节目区记录节目内容，所记录的数字信号不是简单 A/D 转换的数字信号，而是经过了调制的，这样才能增强数字音频信号抗干扰能力及实现对它的控制显示。导出区是在整盘的节目播完后，告诉单片机复位或重播等。在光盘上音乐信号只是一部分，其他还有同步信号、调制信号、纠错信号等。

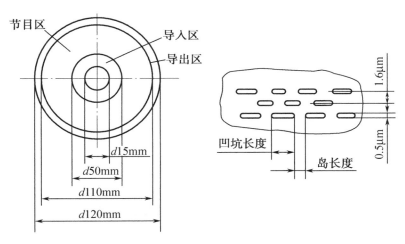

图 3.6 CD 光盘

（2）CD 机的工作原理。CD 机基本工作原理方框图如图 3.7 所示。CD 机工作时，由激光拾音器产生的直径只有 0.9pm 的激光束，以非接触方式读出光盘上记录的 PCM 数字信号，该信号是经过编码调制后的一串"凹坑"，光束照射到"凹坑"时被漫反射，使拾音器检拾的信号为"0"，而当光束照射到"凹坑"与"凹坑"之间时，CD 光盘上镀铝的光面将光线反射给拾音器，使其检拾的信号为"1"，这样从光盘上读取的数字信号通过放大解调纠错后，再经 D/A 转换成音频模拟信号。其中为使光学拾音器（激光拾音器）正确读取信号，还需要有一套精密的伺服系统及整个 CD 机的控制显示电路。

激光拾音器，又叫光学拾音器，简称光头。它是 CD 机的重要组成部分。激光拾音器的组成如图 3.8 所示。从激光二极管发射的激光，通过偏光棱镜、物镜，以光盘上的镀铝膜（由透明合成树脂做成，内刻有信号）为焦点入射，镀铝膜有很高的反射率，激光束被反射回来，经过物镜，偏光棱镜进入检光器。检光器可以通过光盘上凹点的有无及凹点的长度检出光量的变化，可以得到与原信号相同的数字信号。

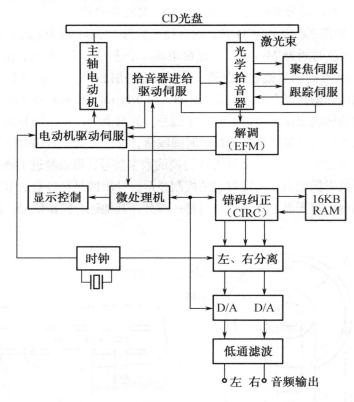

图 3.7　CD 机基本工作原理方框图

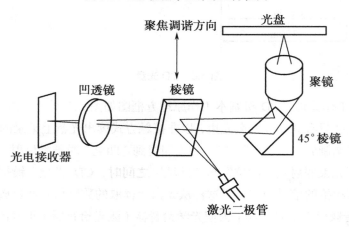

图 3.8　激光拾音器的组成

（3）CD 机的检修。CD 机系统故障一般有三方面原因：一是光盘有问题，如盘面脏、有划伤或翘曲等，会引起放音失真、音轻甚至无声；二是使用不当，如光盘正反面放错，按钮或旋钮使用不正确，以及与放大器的连线有误等；三是 CD 机本身出现故障，如激光器损坏或伺服系统出现问题等。表 3.1 中列出了常见的故障现象、故障产生原因及排除方法。

表 3.1　CD 机（含光盘）常见故障的原因分析与检修方法

故 障 现 象	产生故障的机理原因	检修方法和排除措施
显示器无显示	1. 光盘倒置	将印有标记的一面朝上，再装入
	2. 光盘表面脏污	用软绒布从光盘中心向外侧以径向方向轻轻擦拭
	3. 光盘表面有裂痕或光盘严重弯曲	更换新光盘
	4. 底板上运输螺钉未卸除	卸下运输螺钉
	5. 机内有露水形成	将 CD 机电源接通 30min 以上再播放
	6. 电源电路故障	测量电源电压，检修电源电路
	7. 显示器故障	检修显示器
无法放唱（无声）	1. 电源接不通	检查电源线及插头是否可靠
	2. 连接放大器的选择插口和音量旋钮调置不当	插好输入插口，调音量旋钮
	3. 有露水形成	CD 机通电 30min 以上再播放
	4. 光盘导入区有划伤	更换光盘
	5. 激光器损坏	更换激光器
	6. 光盘放置不当	将光盘放置正确
	7. 伺服电路故障	检修伺服电路
放唱时有鞭炮声	1. 光盘表面有损伤	更换光盘
	2. 光盘表面脏污	用软绒布从光盘中心向外侧以径向方向轻轻擦拭
	3. 伺服电路没有调好	重新调整伺服电路
遥控器失控	1. CD 机未装光盘	装入光盘，再重新控制操作
	2. 遥控发射器内电池耗尽	更换新电池
	3. 遥控发射器使用不当，如距离太远（大于 6m）或偏角过大，或遥控器与主机间有障碍物	将距离与偏角控制在一定范围内，或排除障碍物
	4. 遥控电路故障	检修遥控电路

3.2.4　MD 和 MP3 播放器

1. MD 播放器

MD，全称为 Mini Disc，这是一种新型的数字音频产品，如图 3.9 所示。其实说它新，也实在算不上新，因为早在 20 世纪 90 年代初，SONY 就推出了 MD 产品。当然，那时的产品由于体积庞大，加之压缩技术还不够成熟，因此推出后基本上是比较失败的，没有得到普及。直到 1995 年 SONY 推出 MZ—R3，MD 产品才开始逐渐被大众认识并慢慢接受。由此，MD 产品开始了一个快速发展的阶段，各类产品不断地推陈出新。

MD 播放器分可录型 MD（Record able，由磁头和镭射头两部分组成）和单放型 MD（Pre-recorded，只有镭射头），它既具有 CD 的音质和长期保存性，又具有磁带的可录可抹性。据 SONY 公司称，一张 MD 盘可以反复录制擦除 100 万次以上。

MD 使用的是 ATRAC（Adaptive Transform Acoustic Co-ding）压缩技术，将数字音源的音乐资料存储在 MD 盘上。研究显示，当人耳同时听到两种不同频率、不同音量的声音时，音量较小的那个会被忽略，利用这种特性，ATRAC 以电脑遮闭技术将资料调整剪辑并压缩后存放在 MD 盘上。因此，MD 的音质要大大地好于音乐磁带，如果采用数码录音方式的话，大多数的 MD 机录制出来的音质直逼 CD，有些狂热的 MD 玩家甚至认为因为 MD 采用了 ATRAC 压缩技术，所以录制出来的声音比起 CD 来更有表现力。

MD 盘直径为 64mm，厚度为 1.2mm，可以储存 74min（立体声）或 148min（单声道）音乐（也有 60，80min 的 MD 盘），有些 MD 驱动器还能储存相当于 140MB 容量的数据，它可以记录 255 首歌，字幕总容量为 1700 个字符（可显示的文字有英文、日文、特殊符号）。它内置于 72mm×68mm×5mm 的硬塑料保护套中，MD 盘借助这个保护套来抵御外界的不利因素，如外力、潮湿、摩擦等。MD 盘与 CD 光盘比较如图 3.10 所示（图中左上显示为 MD 盘保护套）。

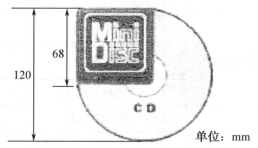

单位：mm

图 3.9　MD 播放器　　　　　　图 3.10　MD 盘与 CD 光盘比较

MD 播放器主要有五个特点：

（1）易于携带：MD 盘非常小（比一张 3.5 英寸软盘还要小），因此 MD 播放器也非常小，携带起来很方便，而且避震性能极佳（一般 MD 播放器都有 40s 的防震）。

（2）编辑功能强大：MD 播放器采用非线性记录方式，因此拥有快速选曲、曲目移动、合并、分割、删除、曲名编辑等多项功能，比 CD 机更具个性化。

（3）MD 音质：虽然 MP3 也号称 CD 音质，但比 MD 要差很多，远不能满足发烧友的要求，而 MD 因为采用的 ATRAC 压缩算法，利用人耳的遮蔽效应原理（当人耳同时听到两个不同频率、不同音量的声音时，音量较小的那个会被忽略），可以将录音的数据量压缩为原来的 1/5，但音质直逼 CD。

（4）价格适中：现在 MD 播放器已普遍降价，一台最新可录型 MD 播放器在 2000 元左右，单放型则在 1000 元左右，MD 盘则只需 20 元左右就可以买到。而且 MD 盘具有上百万次的录刻擦写能力，因此相比较 MP3 昂贵的价格和没有版权的音乐，有很大优势。

（5）录制方便：MP3 播放器调换歌曲离不开电脑，但 MD 播放器则可以将任何可输出的设备作为音源，如 CD 机、DVD 机、电脑声卡、MIC 等进行模拟信号和数字信号的录音，使用起来非常方便。

MD 产品生产厂商很多，但是 MD 播放器的核心——MD 机芯都掌握在 SONY 和 SHARP 两家厂商手中，其他品牌的厂商只是向这两家购买机芯，再配上自己的数—模转换和均衡器，有些品牌更夸张，只是挂个商标而已，因此选择时要有所鉴别。

近两年 MD 产品层出不穷，除了 MD 播放器之外，MD Deck（卡座）、MD Mini-System（微型组合音响）、MD Combox（手提音响）产品也出现不少。随着 MD 技术的不断成熟，其音响类的产品将会越来越完善。

2. MP3 播放器

MP3 的全称是 MPEG1 Layer3，它是 MPEG1 Audio 压缩标准的第三层。采用该标准可以将 CD 品质的数字录音压缩成极小的文件（一个 40 多兆字节的 WAV 音乐文件可以被压缩成 4 兆字节的 MP3 歌曲，压缩比高达 1:10），便于存储、携带和管理。MP3 标准出现后，1997 年开发出了 MP3 播放引擎，随后几个大学生在网络上得到了 AMP 引擎，并且为它添加了一个 Windows 界面，最后他们把这个程序命名为 "Winamp"。1998 年，当 Winamp 作为免费的音乐播放软件在网络上传播后，MP3 的狂潮开始了。许许多多的爱好者在网络上交换有版权的 MP3 音乐，MP3 编码器、制作器、播放器甚至 MP3 搜索引擎都纷

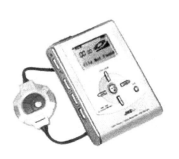

图 3.11　MP3 播放器

至沓来，MP3 迅速风靡全球。MP3 音乐格式的开发者们于 2001 年 6 月推出了 MP3 格式的升级版——MP3 Pro。MP3 Pro 可以在保持相同音质（64kb/s 的音频质量）的情况下将原先的 MP3 文件尺寸减小一半，而且可以比 MP3 保留更多的频段范围，因此在音质上更胜一筹。MP3 Pro 也可以在保持 MP3 文件大小不变的情况下提供 128kb/s 的音频质量。也就是说，一个同样大小的音频文件，以前只能达到调频无线电广播的质量，而现在却可以达到 CD 的音频质量。

大约在 1999 年，帝盟公司推出 MP3 播放器 Rio，使得 MP3 不再是计算机玩家的专利，只要拥有 MP3 播放器（MP3 Player），就可以通过电脑和网络将 MP3 格式的歌曲复制到 MP3 播放器上随时随地享受 CD 般的音质。

MP3 数字播放器和以往传统的 Walkman、Discman、MD 播放器等的不同之处就是它不需要任何的移动载体，而是采用了大容量内存（Flash Memory）取代传统的磁带、CD-ROM 作为存储介质。MP3 播放器大多数采用 USB 接口技术，不但可以进行热插拔，省去烦琐的开关机程序，而且传输速率也远远高于并口，另外，一些 MP3 播放器还可以作为一个活动的硬盘，将需要的文件下载到 MP3 播放器中，通过 MP3 播放器将文件传到其他电脑。MP3 播放器还具有体积小、重量轻、不怕振动、便于随身携带、功耗低、连续播放时间长和无机械磨损等特点。此外，它更具有反复重新录入和编辑音乐节目的特点，免去了再花钱买载体的麻烦，为消费者带来了方便，并激发了他们的购买欲望。经过近两年的发展，现在 MP3 播放器的种类越来越多，外形越来越时尚，功能也越来越强大。

3.3　视频产品

3.3.1　电视机

1884 年，德国科学家 P. G. 尼普科夫发明螺盘旋转扫描器，用光电池把图像的序列光点转变为电脉冲，实现了最原始的电视传输和显示。1925 年美国 C. F. 詹金斯和 1926 年英国 J. L. 贝尔德相继研制成功影像粗糙的机械扫描电视系统。到 1932 年，人们改进了美国 1923 年 V.K.兹沃雷金发明的光电摄像管。P. J. 范恩沃恩于 1930 年发明的电子扫描系统和 RCA 公司电子束显像管的改进，使电视进入了现代阶段。1937 年在英国，1939 年在美国开始了黑白电视广播。到 20 世纪 50 年代初期，黑白电视广播开始在各国普及。中国在 1958 年开始黑白电视广播。后来，人们根据红、绿、蓝三种基色光相加可得到不同彩色感觉的原理，开始彩色电视的研究。美国最先试播一种与黑白电视不兼容的顺序制彩色电视，到 1953 年采用了 NTSC 兼容制彩色电视制式，1954 年正式广播。联邦德国、法国相继于 1963 年、1966 年确定了兼容的 PAL 与 SECAM 彩色电视制式，与美国的 NTSC 制式并列为世界三种彩色电视制式，分别在世界各国和各地区得到采用。大多数国家从 20 世纪 60 年代后期转向彩色电视广播，中国从 20 世纪 70 年代初开始发展彩色电视广播，采用 PAL-D，K 制式。

电视接收机同电视广播的发展史紧密相连。早期的电视机是由电子管制成的黑白电视机；随着晶体管的应用，开始出现了晶体管分立元件的黑白电视机，集成电路在电视机中的广泛应用使彩色电视机的生产有了飞速的发展。现在我们使用的电视机几乎全是使用集成电路制造的。未来的电视机将是多媒体全数字彩色电视机。

3.3.2 录像机

利用磁带记录、重放图像和声音信号的技术，完成这种功能的设备称磁带录像机，简称录像机。磁带录像是机、电、磁的综合技术。

1. 磁带录像机的发展

磁带录像技术始于 20 世纪 50 年代，1956 年美国提出用旋转视频磁头提高相对速度的办法来提高录像机的记录频率，并研制了图像低载频记录方法，做出第一台用 2in（51mm）磁带的四磁头横向扫描录像机。20 世纪 60 年代初开始研制用 1in（25.4mm）磁带的单磁头螺旋扫描录像机，它具有结构简单、耗带量少、可变速重放、产生特技效果等优点。1in 磁带单磁头录像机已趋成熟并逐步代替了四磁头横向扫描录像机。70 年代初出现了 0.75in 磁带的双磁头旋转扫描录像机，简称 U 规格机。它的图像质量较好、成本较低、操作简便、使用盒式磁带、规格统一，因而成为主要的中档业务用机。70 年代中期，在 U 型机的基础上研制出 0.5in 双磁头彩色盒式录像机。它采用无保护带的高密度方位角记录方式。这种录像机结构简单、成本低廉和实用性强，很快得到发展。80 年代初出现了 0.5in 磁带的摄录一体机。它采用亮度色度分磁迹和有保护带的方位角记录方式，使摄像机与录像机合为一体，构成图像质量好、小巧轻便的第二代电子新闻采集机。

2. 家用录像机的种类

（1）台式录像机。这种录像机通常放在桌面上使用，故称为台式录像机。它除了可录、放外，还可以收录电视节目，并具有"定时录像"、"变速重放"等功能。台式录像机又可分为：

① 普及型录像机。它是具有最基本功能的家用台式录像机，一般不具备特殊放像功能。

② 高保真录像机。在普及型家用录像机中，记录和重放图像的视频磁头是安装在高速旋转的磁鼓上，而记录和重放声音的音频磁头是固定不动的。在盒式录像机走带速度仅为 23.39mm/s 的条件下，记录和重放声音的质量是无法达到高品质、高保真（HiFi）的。录像机把音频磁头也改为旋转式，录像带的走带速度不变，由于磁头高速旋转，使录像带与磁头间的相对速度提高，伴音频率展宽，信噪比提高，记录声音的动态范围扩大，从而达到了高保真记录和还原音频之功能。

③ 8mm 型录像机。这是第二代家用录像机，体积小、重量轻，使用仅 8mm 宽的磁带，磁带盒比 VHS 带盒缩小近一半。在声音处理上也采用了高保真技术，具有后期配音和编辑等功能。

（2）便携式录像机。这种录像机主要用于现场采访和旅游录像，能在各种环境下配合小型摄像机使用。它的特点是体积小，重量轻，可使用电池供电，便于随身携带播放或录制节目，与相应的摄像机配合，可以方便地录制所拍摄的节目。

（3）组合式录像机。它兼顾了台式和便携式录像机的双重特点，可一机两用。

（4）摄录一体化机。它将摄像机与超小型录像机组合为一个整体，便于携带和现场拍摄、录制节目，主要用于电视新闻采访。

（5）放像机。放像机只用于重放录像节目，而没有记录功能，俗称单放机。放像机结构简单，价格低，体积小，很适合家庭使用。

3．录像机的基本组成

录像机种类繁多，不同类型的录像机，其结构、特点、性能各不相同，但它们的基本组成是类似的。家用录像机的基本组成如图 3.12 所示。它由电磁信号转换储存机构、视频信号处理系统、音频信号处理系统、射频系统、机械系统、伺服系统、控制系统和电源等几部分组成。

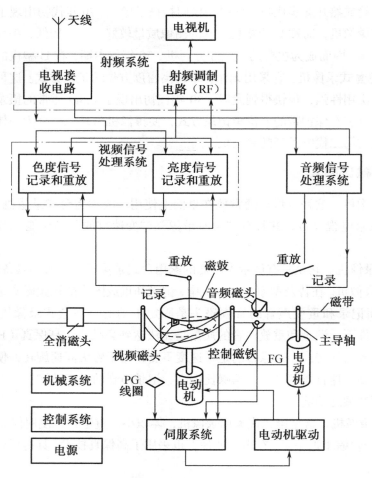

图 3.12　录像机的基本组成

4. 录像机使用注意事项

（1）仔细阅读使用说明书，熟悉机器的操作钮、输入/输出端子的功能，与其他设备的连接方法以及操作规程等。

（2）录像机交流供电选择，一般有 110V、220V 等选择挡，接通电源前，必须检查选择的挡是否和当地供电电压一致。

（3）避开强磁场。任何外来磁场都会对录像机的录、放起破坏作用。

（4）防灰尘。录像机最怕灰尘，必须在干净的环境中使用，最好不要在录像机旁吸烟或使用粉笔。录像机不用时应加防尘罩。

（5）防潮。相对湿度太大时，会增加磁头与磁带间的摩擦力，缩短磁头的使用寿命。磁鼓表面容易结露，结露后除弹起键外，其余操作键均无法操作。

（6）远离水源。勿让录像机接近花瓶、水桶或水槽等。如有液体流入录像机，会对录像机造成严重的危害。如有液体进入录像机内，应送修理部门检修。

（7）避免突然改变温度。如果突然将录像机从低温度移到高温度时，机内磁鼓等处会产生结露。

（8）防止高温。环境温度过高会导致机器故障率增加，同时还会加速皮带、压带轮等老化，缩短其使用寿命。

（9）不可使用劣质磁带。录像机工作时，视频磁头在磁带上高速扫描，如果磁带质量不好，光洁度差，就会加剧视频磁头的磨损。同时，劣质磁带还会加剧走带系统中与磁带接触的各种导柱、固定磁头等零件的磨损。

（10）长期不用的录像机应定期通电。长期不用的录像机除了应存放在干燥、无尘的环境中以外，还应定期通电，以驱除录像机内的潮气。

（11）清洗带不可常用。每次使用时间要短，一般在 5～10s 左右，以免清洗带上的精细磨料磨损磁头，降低其使用寿命。

（12）录像机放像时的干扰处理。出现杂波干扰、图像不清可通过调整跟踪调节旋钮使杂波干扰消除、图像清晰，但在放像完毕后，应将跟踪调节旋钮调回中间位置。

（13）尽量减少静像时间和快进与快退放像操作。录像机在静像时，磁带停止走动，但磁鼓仍在高速旋转，磁头在磁带的同一位置反复不停地扫描，时间过长容易将此处磁带磨损。为了防止这种现象，录像机往往设有控制装置。当一次静像时间超过一定值时，自动转入停止状态，操作时应防止这一点。凡需停止放像状态时间较长（如数分钟）而又不要观察某处图像时，应使用停止键。

录像机的快退或快进成像，加快了走带速度，磁鼓也在高速旋转中，使磁头、磁带等加速了磨损。因此，应尽量减少这种操作，尽量不要使用这种工作状态。

（14）暂停时间要短。在记录状态下，按暂停键时，磁带停止运动，而磁鼓仍在旋转以拾取信号，由于磁头总是摩擦磁带上的同一部分，容易将磁带损坏，因而暂停时间要尽量短。

（15）尽量利用天线。在对电视台节目进行录像时，应尽可能使用室外高增益天线，这样可以避免图像上出现网纹干扰。

（16）平时不用应关闭电源。在不使用定时录像的情况下，录像机不工作时，应拔去电源插头。特别在雷雨天气时，必须拔去电源插头，以免雷击。

（17）使用室外天线要注意安全。使用室外天线的用户，在雷雨天气时须将天线插头拔下并接地，以免遭雷击。

3.3.3 VCD 机、LD 机和 DVD 机

1. VCD 机

VCD 是英文 Video Compact Disc 的缩写，其意为视频光盘，俗称 VCD 光盘。是在数字或音乐光盘（CD 光盘）的基础上运用现代计算机技术和 MPEG1 图像编解码技术发展起来的，具有使用方便、音像清晰和实用价廉等特点。

VCD 机是播放 VCD 光盘的视听设备，在 VCD 光盘上设置了一些固定的系统信息区，这些区描述了光盘上所有节目的相关信息，VCD 机可以查询使用这些信息，不必按照 ISO9660 规范，只要能在光盘的固定位置上找到这些系统信息就可以正常播放 VCD 光盘上的节目，无须依赖诸如 CD-I，CD-ROMXA 等多媒体计算机系统。这就为 VCD 机进入家用电子消费品领域创造了技术条件。

2. LD 机

LD 是英文 Laser Disc 或 Laser Vision Disc 的简称，意为激光影碟或激光视盘。

1972 年美国 RCA 和荷兰飞利浦联合开发出激光视盘（LD）系统，从此开创了以激光和高密度记录为前提的光盘时代。

LD 机进入我国比 CD 机还早，但受其软、硬件的价格偏高、体积大等因素限制，一般只用于卡拉 OK 影院等讲究播放质量的专用场合，很难普及。目前市场上销售的 LD 机，也均是日本先锋、建伍、索尼、夏普、松下和韩国的三星等进口机。

LD 的视频部分采用模拟调制方式，和数码化的图像相比还有一定的差距，在图像清晰度方面较 DVD 略差。音频部分除模拟立体声外，也采用了杜比 AC—3 和 DTS 多声道环绕声系统，音质与 DVD 差不多。在 DVD 尚未完全成熟和完善的情况下，LD 仍会以其丰富的软件、优质的声像效果成为中、高档家庭影院的 AV 信号源。但随着 DVD 价格的下调、DVD 软件的增多及 DVD/LD/VCD 兼容机的大量上市，LD 的市场将会被 DVD 占有，除非 LD 的软、硬件价格大幅度下降，否则，其前景不容乐观。

3. DVD 机

DVD 是英文 Digital Video/Versatile Disc 的缩写。其意为数字化多用激光视盘。它是一种较 LD、VCD 更新的图像媒体，为新一代视听产品中的精品。

DVD 最初有两种格式，一种是以数码技术实力最雄厚的日本索尼公司与荷兰飞利浦公司联合提出的 MMCD 标准；另一种是以日本东芝、松下、先锋、日立及美国时代华纳、MCA，MGM 和法国汤姆逊等公司联合提出的 SD 标准。

以索尼和东芝为代表的两大派经过协商于 1995 年 12 月达成统一的标准。新标准的 DVD 光盘直径为 120mm，厚度为 1.2mm，单面存储容量为 4.7GB，光道间距为 0.74μm，激光波长为 650nm/635nm，光学透镜的数值孔径为 0.6mm，纠错处理技术采用 Read Solomon 产品码（RS-PC），信号变换处理为 ESM（8-16 调制）。

在 DVD 系统中，视频和音频的数据传输速率是可变的，其平均传输速率为 4.69Mb/s；视频采用 MPEG2 数码图像压缩标准，图像水平清晰度可达 500 线以上，优于 VCD、LD 和 S-VHS，可适用于 4:3、16:9 或信箱式、位移式等宽度比观看方式，还可在同一盘片上录制多角度或多情节的图像。音频采用 5.1 声道杜比 AC-3 编码，对 NTSC 还兼容线性 PCM 编码（最多可存储 8 个音频通路和 32 幅画面字幕说明通路）；对 PAL 制、SECAN 制的音频处理则采用 MUSICAM 多通道音频编解码系统。单面播放时间为 133min（包括三种语言通路和四种语言文字说明通路）；文件管理结构采用 MICRO UDF 和 ISO9660 标准。

3.4　数码技术

3.4.1　数码技术知识

数码化就是将各种信息数字化后，用“1”和“0”存储。“1”和“0”是一种通用语言，可以用来代表文字、影像、声音和动作，其共同的特点是可以用计算机处理。数码技术在相片和录像领域的应用带来了一场数码与传统影像的争论。随着数码技术的发展和普及，数码相机取代传统相机已几乎成为定论。另一方面，在个性化需求突出的今天，制作个性化照片与记录生活精彩片段成为一种流行的时尚，DC（数码相机）与 DV（数码摄像机）当仁不让地成为兼顾此二者的最佳选择。

数码影像产品具有以下的优点：

（1）一次投资，反复使用。DC 与 DV 的售价相对较高，但是由于采用可以反复擦写的数字存储媒质，因而购买后的使用成本几乎为零。我们可以肆无忌惮地按下快门，不必担心胶卷或者录像带的成本。

（2）立拍立得。DC 与 DV 都带有 LCD，拍摄后立刻可以看到自己的拍摄成果，不必等待冲洗等过程。及时纠正自己的拍摄方法，提高拍摄水平，减少了重复劳动，同时避免了由于自己拍摄水平不佳而导致良辰美景的浪费。

（3）完美的复制。先前各不相干的设备和活动现在已可通过计算机融合在一起，可以将人们无穷无尽的想像和创作能力加以扩展、编辑、存储、传输。对声音和影像来说，在清晰度方面带来大幅改进，因为从任何原装版本都可以得到完美的复制品。

（4）数字化格式文件。个性化的照片与录像显然需要经过后期制作，这种后期制作都是基于数字格式的。照片可以经由 Photoshop 等软件处理，录像简单编辑则可以通过会声会影等视频编辑软件加工制作。数字化的照片和影像片段也非常便于在网上大范围传播。

3.4.2　数码相机和数码摄像机

1. 数码相机（Digital Camera）

首部数码照相机 Casio QV－10 于 1995 年问世，虽然分辨率只有 320×240，它标志着在 20 世纪 90 年代的后五年和 21 世纪将进入数码（照片）的时代。目前它作为电脑图像的新型输入设备之一，与计算机同步发展，并很快成为主流影像应用技术。其价格不断下降，图像质量不断提高，这就使得数码相机对越来越多的商业用户和业余爱好者颇具吸引力。

2. 数码摄像机（Digital Video）

DV 就是数字电影（Digital Video），它是指通过数码方式拍摄并能够记录的动态影像。DV 机就是数码摄像机，以它的清晰、便携和多层次的价格，为众多的艺术青年所喜爱。特别是用 DV 机拍摄的素材，可以在电脑上方便的进行后期剪辑，增加了艺术青年在艺术表达方式上的能力。更为重要的是，DV 机让影像从电影厂和电视台等传统体制中释放出来，不久便诞生了 DV 影像一词，DV 可以解释为用 DV 机拍摄，是后期非线形编辑制作的一种 DV 影像手段。

DV 能让更多的人可以接触和拍摄自己的影像作品。DV 存在的意义不仅仅在于民间上，还在于它让更多的人用更多的艺术形式与影像结合起来，从而让影像在艺术和商业上更灵活、自由。DV 在现时对于艺术创作更为急迫，它让个人影像表达普及起来，从而可以让艺术创作，特别是影像艺术创作活跃起来。经过积淀、反思与艺术积累的过程，会逐渐让国内的短片制作如实验片、美术片、纪录片等成熟起来。

3. 数码产品的主要技术指标

（1）像素和分辨率：数码技术的成像是通过 CCD 或 CMOS 电子元件记录光信号，并通过二进制的数字构成影像。其表述影像质量的指标也从线对数变成了像素和色彩深度。CCD 的像素数就成了决定画质的重要因素。像素数越多，CCD 的面积越大，图像质量就越高。数码相机的像素一般都在三四百万像素左右。而传统相机（135 相机）的胶片像素就达 1200 万像素，120 相机更可达 6500 万像素左右。数码相机的精度由两部分组成：像素和色彩深度。色彩深度（比特）RGB256 等于 2 的 8 次方，所谓色彩深度，就是每一种颜色色别和灰度的细分程度，其数值越大，精度越高，色彩就越丰富，成像质量就越好。

像素是 DC 与 DV 共同的关键指标。像素越高，对 DC 而言，拍摄图片的有效分辨率越大，比如 210 万像素的 DC 最大有效分辨率为 1600×1200，330 万像素的 DC 最大有效分辨率则为 2048×1536，目前顶级 DC 的最大像素为 1400 万像素，接近于传统相片。

对于一般的家庭摄影来说，最关心的是输出的照片是否清楚。下面是一个数码照片分辨率和输出大小的关系表格。

数码相机分辨率	解 析 度	高质量输出	一 般 输 出
200 万左右	1600×1200	5 英寸	8 英寸
300 万左右	2048×1536	7 英寸	10 英寸
400 万左右	2272×1704	8 英寸	12 英寸

从实用的角度来看，200～300 万像素数已经能够满足日常使用，400～500 万像素的相机可以满足相对高端的家庭用户的需求。

对 DV 而言，越高的像素则意味着更高的图像精度，如同 DVD 与 VCD 在画质上的区别。目前家用 DV 的主流像素正在由 80 万像素向 100 万像素过渡，顶级 DV 的像素在 200 万左右。

（2）变焦能力：变焦包括光学变焦与数码变焦两种。光学变焦就是光学镜头的变焦，它的清晰度、分辨率都较高。数码变焦就是将用于成像的 CCD 的中央区域所形成的影像，加以插值放大而成。相当于将在 135 胶片中一小部分区域的影像进行放大。其清晰度、颗粒度就可想而知了。无论从理论上讲还是从实际效果上看，数码变焦都不很理想。过高倍率的数码变焦只会使图像变的十分粗劣。

光学变焦通过镜头一系列的物理位置的调整，将远处的景物拉近。一般 DC 都有 3 倍光学变焦，DV 则是 10 倍左右。使用大变焦进行拍摄时，机身细微的抖动都会引起拍摄画面的晃动，因此带有大变焦（6 倍及其以上 DC 或大部分 DV）的产品一般都带有光学防抖动功能（针对中低端市场的产品可能省略此项功能）。

（3）存储卡：数码相机现在的存储介质主要是芯片和磁性材料。如内存卡，它包括 CF（Flash memory）卡，这种卡的尺寸和 SM 卡一样，只是稍厚一些，约为 3mm。之所以较厚，部分原因在于它包含了控制电路。使用 CF 卡的数码相机包括 Kodak、Nikon、Canon、EPSON、Casio 等。CF 卡的容量有 4MB、8MB、12MB、16MB、24MB、48MB、64MB、128MB、256MB 等，如图 3.13 所示。

SM（Smart Media）卡，Smart Media 又被称为固态软盘卡（Solid State Floppy Disk Cards，SSFDC），它的平面尺寸和 CF 卡相当，但厚度还不到 1mm。SM 卡的容量有 2MB、4MB、8MB、16MB、32MB、64MB、128MB 等，如图 3.14 所示。

记忆棒（Memory Stick）。记忆棒是索尼的专利产品，其全线数码产品都只支持这种产品。记忆棒容量有 4MB、8MB、16MB、32MB、64MB，如图 3.15 所示。

新标准 xD 卡。xD 卡是日本富士公司和奥林巴斯公司为下一代数码影像存储而联合开发研制的新型存储卡。此卡是为了替代 SM 卡而开发研制的，全称为 xD-Picture Card，其中 xD 代表的意思是 extreme Digital（极致数码）。目前发布的 xD 卡的容量有 16MB、32MB、64MB 和 128MB，256MB 和 512MB 的也会很快上市。xD 卡的最高容量可以高达 8GB，而其体积却仅为 20.0mm×25.0mm×1.7mm，重量为 2g，如图 3.16 所示。

图 3.13　CF 卡

图 3.14　SM 卡

图 3.15　记忆棒

图 3.16　xD 卡

数码相机还有用硬盘记录图像的，主要运用在专业相机上，它的主要特点就是容量大。常见的有 160MB、230MB、340MB、520MB 等。少量的数码相机还有用可擦写光盘的，容量在 156～250MB。

（4）手动调节功能：同样主要针对 DC 而言，DV 对于手动功能的要求远不如 DC 高。一般 DC 大多提供手工调节功能，如：调节光圈大小、感光度（ISO）、曝光时间、曝光方式（同步、慢闪、强制）、快门调节等。

此外还有 DV 的夜拍模式需要注意，由于采用 CCD 成像元件，因此感光性不如传统的摄像机，在进行夜拍时就需要借助 DV 的夜拍模式，强大的夜拍能力可以让我们在夜晚同样拍出好片。

习题3

1. 简述收音机的接收原理。

2. 立体声是如何形成的？

3. 录音机的主要结构有哪些？

4. 电唱机和 CD 机的盘片主要区别是什么？

5. 彩色电视机的播放制式有几种？各是什么？

6. 录像机在使用时应注意什么？

7. VCD 机、LD 机和 DVD 机的共同点是什么？

8. DC 机和 DV 机各指的是什么？

第 4 章

典型音、视频产品

4.1　彩色电视机

彩色电视机是在黑白电视机的基础上发展起来的，在彩色电视机中几乎包括了黑白电视机的全部电路，同时添置了专门用于处理彩色全电视信号的解码器，以及保证重现彩色图像的彩色显像管。

4.1.1　彩色电视机的制式

由于色差信号调制到副载波上的方法不同，有三种彩色电视广播制式。

（1）NTSC 制式。NTSC 制式于 1954 年在美国首次正式使用。到目前为止，世界上有美国、日本、加拿大等国家和我国台湾等地区采用这种制式。

（2）SECAM 制式。SECAM 制式在 1966 年首先由法国正式使用。以后前苏联、东欧等国家也采用这种制式。

（3）PAL 制式。PAL 制式在 1967 年首先由西德和英国正式采用。我国也采用这种制式，目前世界上有 60 多个国家和地区采用 PAL 制式。

4.1.2　彩色电视机的电路组成

彩色电视机按元件种类分为晶体管彩色电视机和集成电路彩色电视机两种（目前产的基本上是集成电路彩色电视机）；按显像管结构可分为荫罩式、栅阴式和自会聚（目前广泛使用自会聚显像管）。彩色电视机电路由公共道、伴音通道、解码器、图像重现和电源五大部分组成。它的方框图如图 4.1 所示。

公共通道部分包括高频调谐器、中频放大和视频检波。其作用是将天线接收的高频电视信号，经过选频、高放、变频、中放及视频检波，将检出的伴音信号（第二伴音中频）送往伴音通道，将检出的彩色全电视信号送往解码电路和同步分离电路。

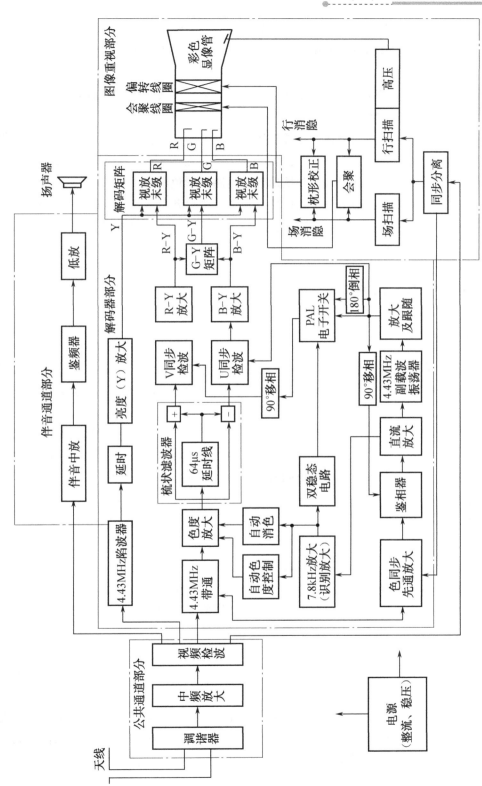

图4.1 彩色电视机的方框图

伴音通道部分包括伴音中放，鉴频器和低放。其作用是将第二伴音中频信号经过放大，鉴频及低放后，去推动扬声器放出电视伴音。这部分的电路工作原理与相应的黑白电视部分相同。

解码器电路部分包括亮度通道、色度通道、矩阵、末级视放及色同步通道等。其中亮度通道相当于黑白电视机的视放电路，其他部分都是彩色电视机所特有的。

图像重现部分包括同步扫描电路、会聚电路、校正电路和显像管等，其作用是产生光栅，并重现清晰和稳定的彩色图像。这一部分电路的同步扫描电路与黑白电视机相同，只是电压、电流及功率的要求不同。而其会聚电路和枕形校正电路是彩色电视机所特有的。

电源电路部分包括整流、稳压等，其作用是提供电视机各部分正常工作所需的稳定的直流电压。目前的各种彩色电视机大多采用开关式稳压电源，而黑白电视机一般采用可调串联稳压电源。

4.1.3　彩色电视机的使用

1．一般使用方法

（1）对比度调节。先将饱和度旋钮置于最小位置，色调旋钮置于中间位置，即不使屏幕上呈现任何彩色。然后再调节对比度旋钮（同时用亮度旋钮配合），使彩条信号或彩色测试卡中八个等级的灰度从白到黑能层次分明地呈现。

（2）彩色调节。再将色饱和度旋钮逐渐开大，使其在原来的每一个灰度等级上，都加上不同的颜色，色彩的浓度应逐渐加深，并呈现出鲜艳的彩条或彩色图像。但在正常收看时，彩色必须调节适当才能有真实感。这一步调节等于给图像加上彩色。在加上彩色后，如果对比度旋钮开得太大，会产生彩图图像失真。

（3）色调调节（肤色调节）。当开始收看彩色电视节目时，如感到图像中人物的肤色（如脸色）偏红时，可适当调节色色调旋钮使红色减少，青色增加；反之，如感到肤色偏青，则可适当增加红色，减少青色，使图像更富有真实感。

此外，在接收彩色图像时，如产生图像不够清晰，出现重影、镶边或者有伴音干扰图像等，甚至只出现黑白图像而无色彩时，可调节频率微调旋钮来解决。

2．节目预选器的使用

节目预选器的频段开关上表示频段的符号：VHF-L 频段，用 V_L（或 L、Ⅰ）表示；VHF-H 频段，用 V_H（或 H、Ⅱ、Ⅲ）表示；UHF 频段用 U 表示。

在预选器或遥控器上大多有一挡标有"AV"标志，表示预选器在这一挡时接收录像机、家用电脑、家用游戏机的输出信号。由于这些电视信号比空间传播的电视信号要强许多，所以在"AV"挡的输入端加上一个限幅器。限幅器对广播电视信号有衰减作用，用"AV"挡来接收电视台节目的效果要比用其他挡来得差，所以在"AV"挡上不要预置电视节目频道。

电视机一般都有自动预选和半自动预选，可通过自动预选自动设定节目频道，再用半自动预选对一些信号较弱、重复选择和图像不清晰的频道作调整或筛选。

3. 电视机的英文标记及意义

电视机的英文标记及意义见附表1。

4. 彩色电视机使用注意事项

（1）对有遥控功能的电视机，晚间睡前最好拔掉电源插头或关掉电源。因有些电视机（特别是一些进口机），一旦插上电源插头，显像管灯丝就加上了较低的电压（4V 左右），处于预热状态；一些电路也开始工作，处于等待状态。如果用遥控关机，这时屏幕上虽然已没有光，但电视机仍有 14W 左右的消耗。长期下去，不仅消耗电力，对电视机寿命也不利。

（2）如有故障，应即刻关机。在收看过程中，如发现屏幕上呈现的图像色彩突然消失或变化不定时，应立即关机，待故障解决后才能继续使用，否则易使故障扩大或损坏机内更多的元、器件。

（3）不能随意调整参数。对于色纯度，静、动会聚，白色平衡等机内调节旋钮或调整器，其调整步骤都比较复杂，精度要求也高，因此在不具备这方面的专业知识，不了解这方面的性能和特点时，不能随便乱动乱调，以免引起更大的故障。

（4）不要放在受其他电器磁场影响的地方。因为彩色电视机如受到强磁场的磁化，将出现彩色发花（彩色不纯）现象，影响收看。

4.1.4 彩色电视机常见故障检修

在彩色电视机中，由于各元件的功能、作用及使用情况不同，其中有些元件易坏，有的则不然。一般情况下，处于高电压、大电流及频繁调节的元件易坏，如行管、高压包、电源开关管、开关集成块、场输出集成块、电位器等。如果能对这些元件的故障现象有充分的了解，在检修中便能收到事半功倍的效果。

1. 开关电源故障

开关电源出现故障有以下几种表现和原因：

（1）电源开关管击穿引起烧保险（熔断器）而无光无声，建议切断电源，卸下检测。

（2）开关电路中的厚膜开关集成电路坏，引起无光无声故障。

（3）消磁电阻坏，引起烧保险、无光无声或色彩混乱等故障。

（4）整流桥堆坏，引起烧保险、无光无声或因电源纹波系数过大引起的干扰故障。

（5）开关管基极启动电阻或开关集成启动电阻开路，引起电源不启动而无光无声。

（6）负载有短路故障，保护电路启动使开关电源无输出，产生无光无声，电路板中有"吱吱"叫声故障。这时可检查行管、高压包、场输出集成电路等是否有短路现象。

2. 行输出部分引起的故障

行输出部分出现故障有以下几种表现和原因:

(1)因灰尘、潮湿等原因高压包轻者打火,重者行电路电流增加,或进一步使电源保护而无光无声。建议清除灰尘,干燥电路,加电打火观察以确诊故障。高压包故障一般换新处理。

(2)行输出管击穿而引起电源保护。

(3)高压电容击穿而引起电源保护或干扰。

3. 彩色故障

彩色故障可归结为解码部分故障和视放末级放大器故障。

对于解码器故障的检修方法:

(1)用万用表检测解码芯片各脚电压是否正常。

(2)让电视接收彩条信号,用示波器观察 Y,R-Y,B-Y 的波形形状与指标,以判断故障位置。

(3)测解码芯片的消耗电流是否正常。一旦发现芯片故障则换新,外围元件故障也换新。视放末级故障一般测直流电压就可初步判断是否有故障。

4. 其他故障

其他故障表现及原因:

(1)显像管各极电压供给部分的元件,如聚焦极、加速级供电用的整流管、滤波电容、限流电阻损坏而产生图像模糊、无光栅等故障,可用电压法来检查。

(2)显像管管座漏电引起图像模糊,开机时间很长才能显示清晰图像,可更换新的管座。

(3)场输出集成块脱焊或损坏引起一条水平线。

(4)预选开关、预选微调、按钮不良引起的故障,一般换新处理。

(5)视放供电用的滤波电容损坏,引起光栅亮度过大、光栅肋条干扰、有回扫线、图像拖尾、光栅左暗右亮等故障。

(6)高频头损坏引起收不到台、缺台、跳台等故障。

4.1.5 电视新技术概述

1. 伴音技术的发展

传统的电视伴音为模拟单声道伴音。话音信号以调频方式调制在 6.5MHz 的载频上。这种调制与传输方式因电视接收效果而异,伴音效果不尽如人意。又由于音响技术的新发展,人们想从电视中听到较高质量的音响效果。为此,许多国家已开始采用双声道电视机伴音。

我国的广播电视系统也将于近几年开始转制，由模拟单声道伴音转变为数字双声道伴音。现在已经有许多电视台开始试播立体声。我国所采用的双声道制式是 NICAM（香港称丽音）。其数字声道有两种不同的用途：一是用于立体声广播；二是用于双语广播。在立体声方式下，将同时使用两个声道，获得立体声效果，使电视伴音具有更好的空间感和临场感，立体声方式还可以用于传送环绕声节目。只要电视台的节目源是环绕声节目源，即是某种环绕立体声编码的节目，经 NICAM 解码后的双声道信号中也将含有全部环绕声编码信息，经相应环绕声解码器解码处理后即可还原多声道信号，从而获得真正的家庭影院效果。

丽音系统中的立体声广播效果受环绕立体声系统的发展影响很大。杜比 4-2-4 环绕声编码系统是一种模拟编码解码系统，传送的是（或再现的是）四声道环绕声信号。而杜比 AC-3 环绕声系统是一种数字编解码系统，传送的是（或再现的是）5.1 声道环绕声信号。

2. 显示技术的发展

（1）显像管。老式显像管的屏幕是球面圆角的，会使图像的有效面积减小，还会使照射到屏面上的外部光线较多地反射到观众的眼睛，造成视角干扰。近年来，由于工艺的进步可将显像管制成平面直角形状而不会危及安全。这种显像管可使图像的有效面积增加 9%，反射光的干扰问题也得到较好的解决。最近出现的超平面管和纯平面管的屏面则更平，效果更好。

球面管的代表产品是早期的 37cm（14in），47cm（18in），56cm（22in）彩管；

平面直角管的代表产品是 54cm（21in），64cm（25in）及部分 74cm（29in）彩管；

超平面管的代表产品是 74cm（29in），87cm（34in）的大屏幕彩管；

纯平面 CRT 管（阴极射线管）是现在比较流行的产品。代表产品有 64cm（25in），74cm（29in）彩管和 87cm（34in）大屏幕彩管。

（2）新显示屏。LCD（液晶显示屏）是一种较早的技术，随着技术的不断进步，液晶显示亮度的提高，液晶屏尺寸的增大，其纯平面、无辐射、省电节能优势开始逐渐显露出来。PDP（等离子显示屏）是利用等离子体（或扩展为泛指的气体放电）发光或激发荧光粉发光的平板显示器件（不包括非平板型的辉光数码管等），称为等离子体显示板，按原理可分为交流型和直流型，按显示格式可分为矩阵型和笔画型。交流型等离子体显示板于 1966 年为美国 D. L. 比泽和 H. G. 斯洛托夫所发明。PDP 是被人们普遍看好的，有望接近高画质、低成本的新一代壁挂电视。

投影电视是用投影放大的方法放大图像，其显示屏幕更大。投影电视机有背投影电视机和前投影电视机。背投影电视机的所有部件均安装在一个封闭的箱体内，其屏幕是一块半透明的磨砂玻璃，图像从背后投射过来。屏幕尺寸一般为 50～60in。因投射路径全部被封闭在箱体内，故投射距离不能太长，图像尺寸也就不可能很大。如需要更大的图像，例如 100in 以上，就需要使用前投影电视。几种视频显示器性能比较参见附表 6。

3. 数字电视的现状及发展

人们常说"电视不如电影好看"，主要是指电视画面的清晰度远比电影画面差。的确，现在世界上通行的 625 行和 525 行电视扫描方式，其画面清晰度远远比不上 16mm 电影胶片，更不要说与 35mm 胶片相比了。影响电视清晰度的主要原因是视频通带窄，亮度和色度分离（Y/C 分离）不彻底，场扫描频率低，尤其是后者会引起大面积闪烁。当初之所以采用 625/525 行的扫描方式，是根据当时的技术水平决定的，是质量与造价的一种折衷。只有把扫描线数提高到 2000 行左右，电视的画质才可以媲美 35mm 电影胶片的画面。要彻底改善清晰度，惟有走数字化的道路。

数字电视广播简称 DTV，既可以用于标准清晰度电视广播（SDTV），亦可用于高清晰度电视广播（HDTV）。1996 年年底，美国联邦通信委员会（FCC）制定了相关的法规，规定所有在美国的 HDTV 电视机必须采用数字技术，但这并不意味着所有数字电视机都必须是高清晰度的，同时还有其他的可能性。

数字电视广播制式总共有五种。其中，标准清晰度电视广播有 480i 和 480p 两种，高清晰度电视广播有 720i、720p 和 1080i 三种。其中数目字表示有效扫描线数，i 和 p 表示扫描方式，i 为隔行扫描（Interlace Scan），p 为逐行扫描（Progressive Scan）。通过以上不同参数的组合来决定广播的方式，如 480p 即有效扫描线数为 480 线的逐行扫描，480i 就是 480 线的隔行扫描。如果扫描线的数目相同，则逐行扫描的垂直清晰度约等于隔行扫描的 1.5 倍左右，480i 与当前的模拟电视广播相同，属于相当低的水平。以前由于电视机的画面不大，隔行扫描的画面还可以容忍。随着大屏幕电视的普及，图像的闪烁问题变得更加明显，扫描线显得非常碍眼，必须采用逐行扫描方式加以改善。画面宽高比则有 4:3 和 16:9 两种，其中只有 480i 和 480P 同时有 4:3 和 16:9 两种方式，其余均只有 16:9。480i 和 480p 属于 SDTV，只有 16:9 宽屏和高清晰度的系统才是真正的 HDTV。

目前还没有国际统一的 HDTV 通用标准。美国、加拿大、韩国、阿根廷、中国台湾等同意使用一种由 ATSC 工业集团建议的制式。欧洲国家和澳大利亚则使用另一种称为 DVB-T 的系统。两者的信号传输方式和编码方式均不相同，相互之间是不兼容的。而日本又另起炉灶，他们自 1989 年以来已开始播放一种完全不同的模拟 HDTV，但在 1997 年又决定实行数字化，日本的 HDTV 系统到 2003 年将会改为与 DVB-T 相似但却不完全一样的制式。

1998 年 11 月 1 日，数字电视在美国和英国同时开播，开始了从模拟电视广播转入数字时代的进程。为了能更顺利地从模拟电视过渡到数字化高清晰电视，各国还采取了一些折衷的数字电视广播方案，其主要特色是采用数字压缩编码技术降低信号带宽，使清晰度介于模拟电视与 HDTV 电视之间，如美国 DirecTV 系统、日本的 Perfect TV 系统和欧洲的 DVB-S 系统等。使用模拟电视机的用户如果暂时不想更换成数字电视机，可以购买一个机顶盒，将数字信号变成模拟信号。

数字电视已成为当今世界电视发展的趋势。一些国家已规划出从模拟电视向数字电视的发展蓝图。美国的 ATSC 高清晰度数字电视广播在 2000 年已覆盖 30%的家庭，至 2002 年要在全国范围内播送，2006 年将终止播放模拟电视。日本在去年 12 月正式开始 ISDB 制式卫星数字电视广播。中国 HDTV 的研究和攻关已走完了起步和准备的第一阶段历程，1998 年 9 月实现了功能样机系统在中央电视塔的试播，1999 年 50 周年国庆期间，又进一步实现了 HDTV 的小范围用户试播。同时，在这期间对美国 ATSC、欧洲 DVB HDTV 制式和标准，以及中国的几个制式进行了研究比较和考察论证，完成了中国发展 HDTV 产业第一阶段即准备阶段的工作。2001～2005 年期间，中国数字电视的发展将进入自主 HDTV 标准的制定阶段。估计中国会先实现分辨率在 700 线左右的 SDTV 卫星广播，首批 DTV 电视机当可与传统的模拟电视相兼容。2005 年左右会开始过渡到 1920×1080 清晰度的 HDTV，最迟在 2010 年之前开始对模拟电视的更新换代。在现有模拟彩电还没有消失之前，将会出现与 SDTV 相对应的高清晰度数字信号机顶盒、卫星接收机顶盒、互联网机顶盒等，以便在模拟彩电上实现高清晰度显示。

4.2 VCD 机、LD 机及 DVD 机

4.2.1 VCD 机

1. VCD 机基本原理

图 4.2 所示是 VCD 机系统结构框图。如图 4.2 所示，VCD 机主要由三部分构成：CDP 系统、VCD 解码系统、整机控制系统。

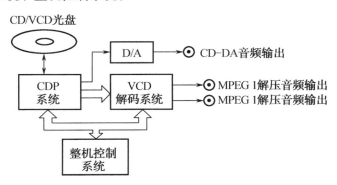

图 4.2 VCD 机系统结构框图

VCD 机是在 CD 机的基础上发展而来的，其低层物理规范与 CD 机一样，都符合黄皮书标准，即其光学技术、机芯、伺服技术、盘片规格，信道编码（纠错）/调制及信号记录的物理格式等方面都与 CD 机一样。第一代 VCD 机（1.1 版本）是在 CD 机的基础上附加一块解

压板（MPEG1 视音频解码系统）而构成的。第二代 VCD 机（2.0 版本）对原来的 CD 机的整机控制系统进行改进，使其能将 CDP 与 MPEG1 视/音频解码部分作为一个整体加以控制，从而实现 PBC 及静像功能。

（1）CDP 系统。CDP 是 CD 光盘播放器（Compact Disc Player）的简称，它包括 CD 机的光头、传动机构（装载机构和光盘旋转机构等）、伺服系统、CD 数字信号处理器（CD-DSP）、电源以及使这些部分协同工作的控制系统等主要部分，即 CD 机中除 CD-DSP 输出以后的音频 D/A 处理部分以外的所有部分。其作用是将与 CD 具有相同的低层物理规范的 VCD 光盘上记录的信息正确检拾出来。这一正确读取的过程包括两方面：① 将 VCD 光盘上代表信息的凹坑—平台序列（又称信迹）变换成具有正确时基、适当信号幅度和信噪比的电信号（RF 信号）；② 实现信道解调（EFM 解调）解码（CIRC 解码）。

VCD 机中对光盘信息的读取过程与 CD 机完全一致。

（2）VCD 解码系统。其作用是实现 CD-ROM 格式解码和信源解码（MPEG1 解码，包括 MPEG1 系统解码、MPEG1 视/音频解码，以及视/音频 D/A 处理），最后输出模拟视频信号（以 PAL/NTSC 复合视频或 Y/C 分量视频的形式）和音频信号（双声道）。

为实现这些功能，VCD 解码系统必须包括以下功能模块：CD-ROM 解码/CD-DA 直通模式选择；CD-ROM 解码器；MPEG1 解码器，包括 MPEG1 系统解码（数据分离）、MPEG1 视频解码及 MPEG1 音频解码；6 视频 D/A 处理电路，包括视频 DAC、LPF、PAL/NTSC 复合视频编码、字符形成与叠加（OSD）以及 Y/C 输出等；音频 D/A 处理，包括音频 DAC、LPF 及去加重等。

（3）整机控制系统。VCD 机的整机控制系统与其他类型的光盘机（如 CD 机、LD 机等）具有类似的结构和功能，该系统主要由单片机为核心构成。在第一代（VCD1.1 版规范）VCD 机中，整机控制系统的功能与 CD 机的完全一样，都是对 CDP 系统中的各部分，如光头、机构、伺服系统、数字信号处理器等进行控制，以实现面板功能键上设定的有关正确读数和随机存取（搜索、编程播放等）。

在第二代（VCD2.0 版规范）VCD 中，整机控制系统的功能是在第一代 VCD 基础上扩展而成的，主要扩展了对读数过程的控制功能，即 PBC 及静像播放功能。而这一功能扩展的基础是整机控制系统中软件性能的增强，其电路构成并无改变。

2. VCD 机及光盘的维护

（1）VCD 机的维护应注意以下几方面：

① VCD 机是比较精密的家用电子产品，它的工作环境直接影响使用效果和寿命。环境温度应在 5℃～35℃ 范围内，不要放置在阳光直射或靠近暖气的地方。湿度过高也会影响激光头读取信号，特别是当把视盘机从冷的环境突然移到热的环境时，有可能产生凝露，无法正常工作。这时可接通电源并等待 1～2h 后再使用，以便湿气蒸发。机器工作时应有良好的通风，并避免灰尘。

② 机器长时间不用，最好拔下电源插头，遥控器内的电池也应取出。使用完毕关掉电源后，最好用布罩盖上，以防灰尘进入机内，影响激光头工作。每次使用完毕，最好把光盘取出，特别是多盘机在搬动机器前，所有光盘都要取出，否则机器一倾斜，盘片就会滑出，再开机工作时，光盘及机器难免受损。

③ VCD 机工作时尽量平放，防止倾斜并避免振动。不要放在大功率音箱上面，否则会产生颤噪效应，影响图像及声音的正常播放。

④ 如果机器表面脏了，可以用软布浸入少量中性洗洁剂清洗外壳，然后用干布擦净，千万不要用酒精、涂料稀释剂等类化学物质清洗，否则会引起机壳表面剥落或腐蚀。

⑤ 如果机器出现故障，没有维修基本技能的用户不要自行拆机修理，因为打开机盖后，激光头发出的射线有可能伤害眼睛，另外触及到电源初级部分的元器件，也有可能发生触电危险。可请修理部门人员进行维修。

（2）VCD 光盘的维护。光盘在 VCD 机内工作时与激光头并不接触，所以不存在磨损问题，使用寿命应该是很长的。但往往由于维护保管不当，造成光盘损伤而影响使用。

① 为了保持光盘的清洁，用手拿盘时应拿住盘的边缘，不要触摸光亮的信息面（见图 4.3）。

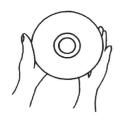

图 4.3　光盘的拿法

② 从机内取出光盘应及时放在盘盒内，若暂时放在桌面上，应把标志面向下，避免信息面与桌面接触划伤。注意不要用圆珠笔或其他书写工具在标志面上作记号，因为光盘内的信息坑与标志面的距离只有 0.2mm，稍用力就有可能破坏信息，影响播放。

③ 如果盘表面有手印或灰尘等脏物，可以用软湿布（仅用水浸）从盘片中心向外轻轻擦拭（见图 4.4），不要在圆周方向来回擦拭，以免由于沿轨迹方向产生划痕而造成信号连续丢失。擦拭盘片时不要使用汽油、稀释剂、酒精及防静电喷雾剂等液体。

图 4.4　光盘的擦法

④ 如果光盘已经断裂、破损或者明显翘曲，应该丢弃，千万不要再用，以免损坏 VCD 机。

3. VCD 机故障检修

故障检修流程图如图 4.5 所示。

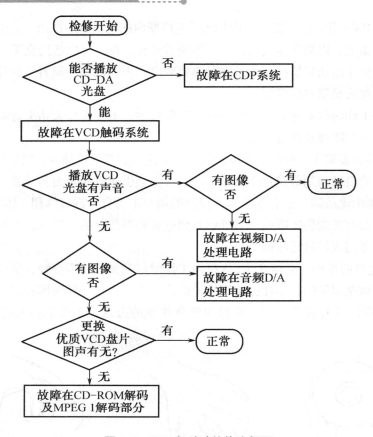

图 4.5　VCD 机故障检修流程图

4.2.2　LD 机

1. LD 盘

LD 盘与 VCD 光盘相比，其外形尺寸、盘片厚度及信号记录方式等均不相同。

（1）盘片规格。按盘片的直径尺寸，可分为 200mm（8in）和 300mm（12in）两种，又都有单面和双面之分。盘片厚度为 2.3～2.8mm，中心孔直径为 35mm，基板材料为 PMMA 树酯（聚甲基丙烯酸甲酯，俗称有机玻璃）。信号凹坑长最小约 1μm，凹坑宽 0.4μm，轨迹间距为 1.4～2μm（标准为 1.67μm）。

（2）信息录制。LD 盘也是采用光记录技术，利用激光束将表示图像和声音的信号以凹坑形式刻录在特制的圆盘上而成的，但其记录方式与 VCD 光盘不同。VCD 光盘的图像和伴音信号是按 MPEG1 标准、采用数字处理技术录制的，而 LD 盘的图像信号采用 FM 模拟方式录制、伴音信号采用 FM 模拟和 EFM 数字两种方式录制。

（3）LD 盘有 CAV 和 CLV 两种。CAV（英文 Constant Angular Velocity 的缩写）是一种以恒角速度旋转方式录制信号的标准激光影碟，其播放时是以 1800r/min 恒角速度旋转的

（PAL 制 25r/s，NTSC 制 30r/s，盘片转速与帧频同步），激光束从盘片内圈向外圈（盘片上每一圈记录一帧图像信号，内侧信道与外侧信道的记录密度是不同的）移动来读取信号。

CLV（英文 Constant Linear Velocity 的缩写）盘片是一种以恒线速度旋转方式录制信号的长时间激光影碟，其播放时旋转速度是不同的，激光束在内圈读取信号的转速为 1800r/min，并由此角速度连续变到最外圈读取信号时的转速为 600r/min，以保证线速度恒定（单位时间内激光扫描的信号轨迹长度一致）。由于记录密度不变，因而影碟的外圈比内圈存储的信息量更大（最内圈是每圈记录一帧图像信号；最外圈是每圈记录三帧图像信号；中间是每圈记录两帧图像信号）。

直径为 300mm 的 CAV 盘片其信号记录容量单面为 30min，双面为 60min；200mm 的 CAV 盘片其信号记录容量单面为 14min，双面为 28min。

直径为 300mm 的 CLV 盘片其信号记录容量单面为 60min，双面为 120min；200mm 的 CLV 盘片其信号记录容量单面为 20 min，双面为 40min。

CAV 盘片上每帧图像的排列有固定规律，同步信号的位置也是固定的，故很容易实现静止，双倍或三倍向前搜索、反转，双倍或三倍反转搜索等特技播放。

CLV 盘片由于每转可获得的图像帧数是随其播放的区域不同而不同，要想实现各种特技播放，必须使用具有数字式图像存储功能的 LD 机。

2. LD 机的结构原理

LD 机是播放 LD 盘的主要设备，它由激光拾音系统（激光头）、重放信号处理系统、伺服系统、信号处理系统、整机控制系统和供电系统等组成，其电路结构方框图如图 4.6 所示。

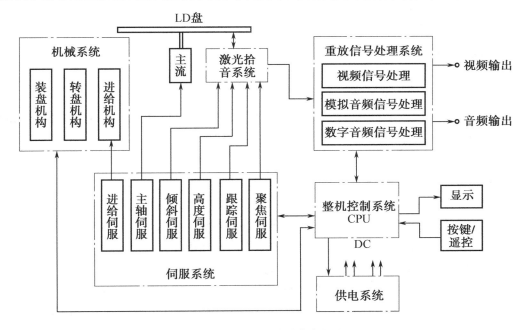

图 4.6 LD 机电路结构方框图

激光头是激光束将重放的盘片的信号（视频、音频、数字音频以及辅助码等）转换成电信号的重要部分。它由激光二极管、光学系统、光电探测器及精密伺服机构组成。

重放信号处理系统的作用是将记录在碟片上的视频信号、音频信号及音频数字信号还原成标准全电视信号及音频信号。主要由视频信号处理电路、模拟音频信号处理电路及数字音频信号处理电路组成。

伺服系统的作用是为了实现重放过程中激光束的聚焦光斑始终落在当前正在拾取的某圈信迹上，而对激光头及机械系统实施多种机械控制的部分。它由主轴伺服、进给伺服、聚焦伺服、跟踪伺服、高度伺服及倾斜伺服等部分组成。

机械系统的作用是实现装盘、上盘、转盘、激光头进给及翻转等动作。主要由装盘机构、转盘机构、进给机构及翻头机构（指具备自动翻转功能的 LD 机）等部分构成。

供电系统是对整机各部分提供工作电源的系统。

整机控制系统是为实现整机的正常重放及各种随机存取功能而控制整机各部分协调工作的控制中心。

4.2.3　DVD 机

1．DVD 的种类

DVD 系统包括 DVD 光盘和读/写 DVD 驱动器。

DVD 光盘分为单面单层（记录容量为 4.7GB）、单面双层（记录容量为 8.4GB）、双面单层（记录容量为 9.4GB）、双面双层（记录容量为 17GB）四种类型。

DVD 驱动器主要有三大类：

① 只读型 DVD（DVD-ROM）；

② 一次写入多次读出型 DVD（DVD-R）；

③ 可重写型 DVD（DVD-RAM）。

在 DVD-ROM 的应用方面，各大厂商将目光主要集中于 DVD-VIDEO 和 DVD-AUDIO，前者主要用于电影等活动图像领域，后者主要用于音乐方面。

2．DVD 光盘的特点

（1）盘片尺寸。DVD 光盘的形状与 CD 光盘和 CD-ROM 相同，直径为 120mm、厚度为 1.2mm。CD 光盘和 CD-ROM 由一片 1.2mm 厚的单面盘构成，而 DVD 光盘由两个厚度为 0.6mm 的盘片黏合而成。盘片的变薄，导致记录密度的提高；互相黏合，又可防止盘片产生变形。DVD 光盘是有别于 CD 类光盘，正反面都可记录的双面记录媒体。

和 CD 光盘一样，DVD 光盘中也有直径是 8cm 的产品。这种产品主要用于车载等，其存储容量是 120mm DVD 光盘的 30%。DVD-ROM 和 DVD-R 将采用直径为 80mm 的盘片。

（2）信号记录格式。视频数据压缩标准采用 MPEG2，音频数据压缩标准采用 MPEG2 或

AC-3 技术。

（3）兼容性。一方面，是横向兼容性，即三种类型 DVD 驱动器以保持兼容性为前提，每种 DVD 驱动器都能读取所有格式 DVD 光盘。但是市售的第一代 DVD-ROM 驱动器却不能读 DVD-RAM。因为 1996 年 11 月 DVD-ROM 产品化时，DVD-RAM 的标准尚未确定。从第二代产品开始，这一缺点得到克服。另一方面，是向下兼容性，即 DVD 系统能读取如 CD-DA、VCD 和 CD-ROM 等各种逻辑格式的 CD 类聚碳酸酯膜压光盘。

（4）防盗版。这是影视业（软件）对硬件厂商提出的要求。

DVD-VIDEO 盘所记录的影视节目在制作过程中，根据影视业的强烈要求采用了防止拷贝的机械系统。同时，为限定可再生电影的区域，采用了地域代码。

虽然影像公司试图防止他人对 DVD-VIDEO 盘上的内容进行不正当拷贝，但是，彻底杜绝并非易事。即使有这样的手段，其机械等基本设备也会耗资巨大，进而导致 DVD-VIDEO 盘和播放机价格的大幅上扬。因此，DVD-VIDEO 防范对象界定为普通消费者和具有软件专业知识的人。这是 DVD 的重要特征。在 DVD-VIDEO 盘上，影视数据是加密后写入的。这时，加密所使用的密钥称为专辑密钥。

地域代码也是应影像业的要求而设置的。无论是 DVD 软件还是硬件，都要编注不同的地区识别码，把全球分成 6 个发行区域：美国和加拿大为第 1 区；欧洲、日本、南非及中东地区为第 2 区；中国台湾、中国香港及东南亚为第 3 区；南美洲、澳洲及南太平洋为第 4 区；非洲、俄罗斯、朝鲜、韩国、印度等国为第 5 区；中国大陆为第 6 区。规定各区 DVD 机只能播放相应区号的 DVD 光盘，以此来控制 DVD 光盘的翻版复制。

3. DVD 产品的应用

DVD 的用途可以从以下几方面来考虑。

（1）作为计算机系统的外存。DVD-ROM 是以 PC 机为代表的计算机存储媒体，是 CD-ROM 的大容量版本。DVD-ROM 驱动器以作为外部设备与计算机连接使用为前提。

DVD-R 的基本用途与目前的 CD-R 相同，但在容量上大于 CD-R。DVD-R 不仅可作为制作 DVD-ROM 专辑的存储媒体，还可以充分发挥其可重写的特性，成为保存数据的大容量媒体。

DVD-RAM 由于能够多次读写，所以很可能成为计算机用的可置换大容量存储媒体。与 MO 相比，DVD-RAM 的存储容量大大提高，是 230MBMO 的 11 倍，640MBMO 的 4 倍。

DVD-VIDEO 则专用于活动图像的还原。DVD-ROM 的活动图像应用程序规格已经确定。在直径为 12cm 的 DVD 光盘上，可以存入与目前视频播放图像画质相同的 135min 的电影，活动图像数据压缩和声音数据压缩分别采用 MPEG2 和 AC-3 技术。

DVD-AUDIO 专用于音乐的还原。其标准的制定主要以扩大现有音乐 CD 的应用范围为依据。

DVD-ROM 驱动器是以置入台式 PC 机为目标实现产品化的。

（2）作为家用影音器材。1996 年日本东芝（Toshiba）、松下（Panasonic）、先锋（Pioneer）及索尼（Sony）等公司，率先将第一代 DVD 商品机，如 SD-1006、SD-30069（东芝）、DVD-A100、

DVD-3300（松下）及 DV-7、DVL-9（先锋）等，投放市场。1997 年我国也有公司（科研机构）宣布研制成功 DVD 机，并已在 1998 年年初投放市场。

现在的 DVD 机，已经是优良的全兼容性能的播放设备，可以播放 CD、VCD、SVCD、MP3、DVD 等多种光盘。音频具有杜比 AC-3 的 5.1 声道解码输出；视频为复合视频 V 和 S 端子输出；部分 DVD 机其视频输出具有逐行扫描图像输出。

VCD，DVD 和 LD 主要技术参数性能比较见表 4.1。从表中可以看出，无论是视频、音频的输出，还是信息的存储容量、整体的播放效果，DVD 机在三者中都是领先的。因此随着 DVD 机技术的成熟，软件资源的进一步扩展，DVD 机取代 VCD 和 LD 在音像产品中的作用已是必然的。

表 4.1　VCD，DVD 和 LD 主要技术参数比较

系统 有关参数	DVD				VCD	LD	备　注
解像度（线数）	500～550				210～250	425～430	因软件制作水平不同会有所下降
像素	720				352		指每行像素
音像记录方式	数码/MPEG2 方式				数码/MPEG1 方式	模拟	
容量（GB）	单面单层 4.7	单面双层 8.5	双面单层 9.4	双面双层 17	650（MB）		DVD 平均传输率是 4.8Mb/s（以 8cm 直径光盘为准）
播放时间（min）	133（41）	242（75）	266（82）	484（150）	74	单面：60 双面：120	实际播放时间依软件而定
光盘尺寸（cm）	12/8				12	30/20	
光盘厚度（mm）	1.2				1.2	2.2	
宽屏幕功能	可提供多种模式的屏幕长度比例					可在一定环境下提供有限的模式比例	
字幕	可提供 32 种（最多）语言字幕				一种语言字幕	一种语言字幕，当使用 LD-G 软件时可提供 16 种（最多）语言字幕	LD 字幕可伴字幕机扩展使用
音频记录方式	杜比 AC-3 或线性 PCM				线性 PCM	线性 PCM，模拟 FM 转换式	
取样频率（kHz）	48.96				44.1	44.1	
量化位数（bit）	16，20，24				6	16	使用线性 PCM
声道数目	杜比 AC-3/线性 PCM 最多达 8 个，可完成杜比 AC-3 的 5.1 声道还音				2 个	数码 2 个模拟 2 个（共计 4 个）	
区位码限制	有				无	无	

4.3 家庭影院 (Home Theater)

究竟何谓家庭影院？家庭影院究竟是用来听还是看的？其实，对家庭影院倒还真的有不同的提法。比如国外一种专门介绍家庭影院的杂志，对家庭影院的用途和组成作了这样的定义："家庭影院实乃一套视听器材的组合，用于在家里营造出类似于影剧院中观看演出时的那种声像感受。通常，家庭影院的组成往往包括大屏幕的视频监视器（屏幕的对角线尺寸大于27in）、LD 机、DVD 机、Hi-Fi 录像机等节目源设备和杜比定向逻辑（DPL）、杜比数字（DD）和数字影院声（DTS）之类数字环绕声解码装置（AV 功放接收机和多路音箱系统）。"而据我国新近颁发的关于家庭影院的两个通用规范，则更对家庭影院作了如下的规定："由环绕声放大器（或环绕声解码器与多通道声频功率放大器组合）、多个（4 个以上）扬声器系统、大屏幕电视（或投影电视）及高质量 AV 节目源构成的具有环绕声影院视听效果的家用视听系统。"而美国一位音响评价专家则认为，家庭影院乃是当前和今后的一种多用途的娱乐平台，而且在不久的将来还会成为每一户家庭不可分割的组成部分。目前，在家里观看影视节目还仅仅是一个开端，一套完整的和性能优良的家庭影院将能在家里播放所有的录音和录像节目，同时还将会作为一种互动式的娱乐装置。

由此可见，在家中搞一套"家庭影院"更多的还是为了在家中观看电影和享受电影院那样的效果。如果只是用于检验自己的音响器材或是反复陶醉一两部"大片"的那种震撼的音响效果，便似乎有些本末倒置了。

4.3.1 家庭影院的组成

家庭影院由 AV 信号源、AV 放大器和 AV 终端三大部分组成。如图 4.7 所示。AV 是 Audio 和 Video 的缩写，其意为音频与视频（或视听系统）；Hi-Fi 是 High-Fidelity 的缩写，其意为高保真音频系统。

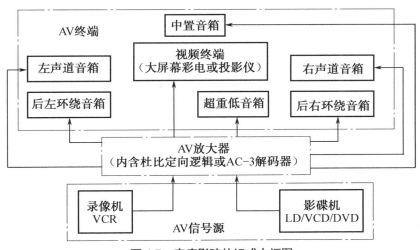

图 4.7 家庭影院的组成方框图

家庭 AV 系统追求声像并茂的效果，追求图像特征与声音特征的协调，追求真彩图像、语言对白以及音响效果上的全方位感受。软件及重放设备多为多声道环绕声，注重环绕声的动态感、临场感和真实感，营造一种空前逼真的、惊心动魄的场面，给人以出神入化和身临其境之感。

1. AV 信号源

AV 信号源用来提供图像和声音信号。主要有激光影碟、录像带和电视节目。目前广泛使用的播放视（音）频节目源的器材如图 4.8 所示。

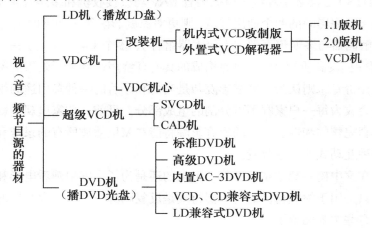

图 4.8　视（音）频节目源的器材

为了再现家庭影院的环绕声效果，AV 信号源应使用具有环绕声信号编码的软件，如印有杜比定向逻辑、杜比 AC-3、雅马哈 DSP、DTS 及 SDDS 等标志的软件。

2. AV 放大器

AV 放大器即是 AV 功率放大器。它主要是音频功率放大器，同时承担着音频、视频信号源的切换、环绕声信号的解码和各声道信号参量控制等多项任务。

3. AV 终端

AV 终端一般指的是各种音箱，以彩色电视机、投影机为主的图像显示设备。

4.3.2　环绕声系统

1. 声音拾音模型

声音拾音模型决定了声音信源信息的特征是再现原声音的基础。如图 4.9 所示，为多点拾音模型。其中 C 为中置拾音，主要用于人物对白；L、R 为左右拾音；CL、CR 为中左、中右拾音；FL、FR 为前左、前右拾音；ML、MR 为边中（侧中）拾音；S、SL、SR 为后环绕拾音。图 4.9（a）为早期的单声道拾音模型；（b）为常用的音乐系统拾音模型；（c）为杜比环绕声系统拾音模型；（d）为 AC-3 拾音模型，其余几个模型是预测将来发展的拾音模型。目前还很少见。可以想像，拾音点越多，将来再现原声场的效果越好，越逼真。但还应看到，拾音点越多，现场操作不方便，难度大。对拾音信号的处理、记录和传输来说，难度越大。多路信号在编解码过程中独立性难以保障。归结起来，拾音越多，系统成本越高。因此一般采用五点拾音也是由于这个原因。

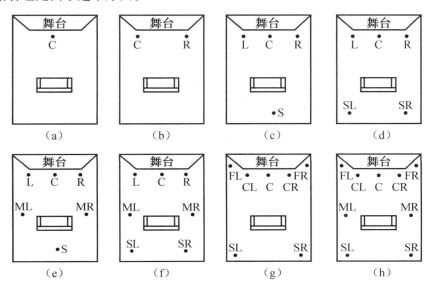

图 4.9 声音拾音模型

2. 逼真模型

逼真环绕声拾音/放音模型（简称逼真模型）是一个理想模型。若在对原声场的信号进行拾音、处理、记录或传输、再现解码等过程中，没有引起信号损失的话，要不失真地再现环绕声的本来面目，只要把音箱按拾音点的位置摆放，就可再现原声场，得到逼真的环绕声效果。

逼真模型的显著特点：

（1）不管拾音有多少路，均处理成或编码成两路信号。

（2）再现声场的扬声器（或音箱）的个数及安装位置与拾音点相同。

如果各路信号在传输、记录之后，信息（或频率分量）没有丢失的话，那么这样的系统就是百分之百的逼真系统。如果用拾音点的个数、记录或传输信息的路数以及环绕声解码器输出信号的路数来描述系统模型的话，人们已习惯把逼真模型记为 n-2-n 模型。

逼真模型具有达到最佳音响的基础，也最容易达到，是家庭影院中人们一直努力追求的系统模型。

3. 虚拟模型

我们把逼真模型之外的其他环绕声拾音/放音模型称为虚拟模型。严格地讲，"虚拟"就是"假"，但在这里我们不能用这个绝对的概念，综观环绕声系统的发展，人们走过了从"真"到"假"，又从"假"到"真"这样一个循环往复的过程，每一次循环，系统性都能得到新的改善和提高。因此，难免"假"中有"真"，"真"中有"假"。虚拟模型对系统的描述也是如此，既有纯虚拟（纯假）系统，又有部分虚拟（半真半假）系统。或者说有些系统虚拟成分较多，有些系统虚拟成分较少，自然，系统性能的好坏与系统"真"与"假"的比例有关。

虚拟在音响系统的发展过程中有着不可磨灭的贡献。早期人们通过对单点拾音信号进行频带压缩、分离、延时等手段，获得两路输出信号。再结合音箱位置的摆放，营造模拟环绕声。本质上是一种虚拟过程。近年来，又有人对单点拾音信号，把声学理论、人们对声音的感知理论以及现代数字信号处理结合起来，进行数字声场处理（DSP），得到一路输出信号，再结合音箱的合理摆放，营造出了奇妙的、令人难以想像的声音效果，音质丰富多彩，其诱人程度远远超过了人们的想像。有了双声道纯音乐系统后，同样有人想用纯音乐双声道声源营造更加丰富多彩的声场。现在已经有比较成熟的环绕声系统，如杜比 4-2-4 编解码系统、AC-3 系统、DTS 系统等。然而仍然有人在此基础上做新的研究，营造出更多的输出声道，更加丰富的声场。因此，虚拟是不会停止的、是永无止境的。虚拟使人们产生了新思想、新灵感、新方法，是促进环绕声技术发展的动力。

虚拟使环绕声（系统）产品鱼龙混杂、难以分辨。在谈这个问题之前，首先应明确什么是真正的环绕声（系统）。真正的环绕声（系统）应该是能用多个音箱发出的声音营造出与拾音现场完全相同的，具有方向性和空间感（三维）的，能够辨认出飞驰的火车、飞机、子弹等正在运动的声场（系统）。那些用多个音箱发出同一种声音，或发出与拾音现场不同的声场都不是真正的环绕声。

4.3.3 典型环绕声格式

1. 杜比环绕声及杜比定向逻辑环绕声

杜比环绕声是早在 20 世纪 70 年代专门为电影院开发的。杜比环绕声也称为"杜比立体声"。

杜比环绕声采用矩阵编码技术将 4 声道的音频信息变换为双声道后存储在视频录像带或 LD 盘上。在用普通的双声道立体声音响器材来进行重放时，其重放效果会和通常播放立体声节目时一样。但是，在用内装杜比解码器的家庭影院装置来播放时，这些经双声道编码的信号便会还原为原先编码时的 4 声道，也即与前置左、右主声道，中心声道以及环绕声道的 5 只音箱相对应。几乎所有的 VHS 录像带、LD 盘以及许多的电视节目均是按照杜比环绕声来录制的。在杜比环绕声编码的软件上皆标有如图 4.10 所示的标志。图 4.11 所示则为杜比环绕

DOLBY SURROUND
PRO - LOGIG

图 4.10　杜比环绕声软件标志

声的编码和解码过程。

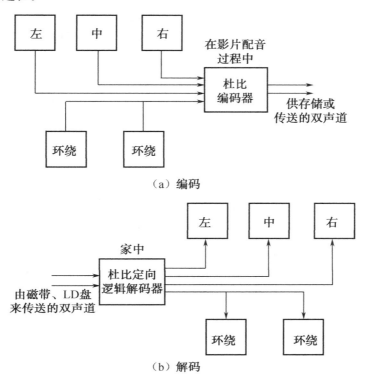

图 4.11 杜比环绕声的编码和解码过程

然而，杜比环绕声的重放效果仍不够理想。杜比定向逻辑（Dolby Pro Logic，简写 DPL）环绕声便是其改进型。杜比定向逻辑（DPL）环绕声的主要改进便是增加了一路中心通道的输出，并加强了声道之间的隔离，而且对在荧光屏上的声像定位也更为准确。注意，目前在提到杜比环绕声时，便多半是泛指杜比环绕声和杜比定向逻辑环绕声。虽然它们各自有各自的解码器，但却只使用了同一种杜比环绕声编码器，因此，按杜比环绕声编码的软件，均可使用杜比环绕声和杜比定向逻辑（DPL）环绕声的解码器来解码。

2. 杜比数字（DD）环绕声

杜比数字（DD）（Dolby Digital）环绕声原称为杜比 AC-3，是杜比实验室推出的一种"音频感觉编码系统"，原为用于家庭多声道环绕声系统的数字音效规格，后改称为杜比数字环绕声系统。

杜比 AC-3 系统以心理学为基础，采用低比特率的数码压缩编码技术，精确地运用了遮蔽效应和共比特群（适合人耳听觉特性的比特分配法）而设计的。它根据人耳听觉的灵敏度将各声道的音频带划分成大小不等的窄频带，比特率将根据个别频谱的需要或音源的动态被分配到每个窄频段，再滤除编码噪声、主观上的无关信息及客观多余信息，只保留主观感觉信息，这样使信号压缩效率大大提高（压缩比为 1/2）。同时，在减少空间容量、降低数据传输容量的条件下，实现各通道之间的完全分隔，弥补了杜比定向逻辑系统中矩阵解码时出现的各声道分离度不高及固有串音、通道间的失真等缺陷。

杜比 AC-3 系统在软件编码时，已确定各声道的信号电平（即将音量大小的控制信息一并编入），以保持某些动态范围极大的节目源重放时总体的清晰度，实现不同状态下的音量自动控制。其解码器可完全向下兼容杜比定向逻辑解码器及杜比基本解码器等，还能根据不同的输入信号（单声、立体声、杜比环绕声、杜比定向逻辑等）进行正确选择与解码还原。按杜比 AC-3 编码的软件均标有如图 4.12 所示标志。

3. 数字影院声（DTS）

数字影院声（DTS）也是一种多声道的环绕声格式。数字影院声（DTS）虽然比杜比数字环绕声推出得晚些，但却具有比杜比数字环绕声稍好一些的音质，而欲与杜比数字环绕声争夺音响市场。数字影院声（DTS）也是 5.1 声道的多声道环绕声，但还可以再添加两只环绕音箱而构成 7.1 声道的数字影院声（DTS）。装有数字影院声（DTS）解码器以及按数字影院声（DTS）编码方式录制的软件均标有如图 4.13 所示的标志。和杜比数字环绕声相似，数字影院声（DTS）也采用了数据压缩编码技术，但压缩比却比杜比数字环绕声要低一些（见表 4.2）。6 个声道的数据速率可以高达 1411kb/s。数字影院声（DTS）的不足之处是为将大量信息存储在 LD 盘、DVD 光盘或数字卫星广播中，需要更多的比特。另外，数字影院声（DTS）还不能与其他的环绕声格式相兼容。

图 4.12　杜比数字（DD）环绕声的标志　　　　图 4.13　数字影院声（DTS）软件的标志

注意

杜比数字环绕声为了改善重放的音质可以设法采用更高的数据速率，比如说，采用 640kb/s 的，而数字影院声（DTS）则可以为提高存储的效率而采用低些的数据速率。由于杜比数字环绕声的性能相当不错而且又先行一步，所以数字影院声（DTS）虽后来居上而且咄咄逼人，但总不如杜比数字环绕声那样获得较多的应用。为了谋求发展，数字影院声（DTS）也使出了浑身解数，并先后在 CD 光盘和 LD 盘上找到一席用武之地。已先后推出一些数字影院声（DTS）的 CD 光盘和 LD 盘，但在 DVD 光盘方面则进展相当缓慢。目前只不过出了几张按 DTS 录制的 DVD 光盘。至于在电影院方面，则进展颇为显著。

通过实际的对比试听证明，在声音重放的声道分离、清晰度以及定位等方面，数字影院声（DTS）确实要比杜比数字环绕声稍好一些，尤其是临场感的逼真度稍好一些，细节更多，层次更分明，包围的效果更强，让人听来有更多身临其境的感受。

表 4.2　几种环绕声系统技术的比较

项　目		杜比定向逻辑	杜比 AC-3	DTS 系统
多声道应用载体		VCD/LD	LD/DVD	CD/I-D/DVD
拾音点数		4 点	5 点	最多 8 点
硬件重放声道		4 ch	5.1 ch	最多 8.1ch
声道结构		L，R，C，S	L，R，C，SL，SR，SW	L，R，C，SL，SR，SW，+…
环绕声道		单声道	立体声	立体声
动态范围		96dB	105dB	≥105dB
最高比特位			20bit	24bit
最大取样速率			48kHz	96kHz 或更高
数据传输率			32～640kb/s	32～4096kb/s
典型传输率			384kb/s	1411kb/s
典型压缩比			12:1	3:1
编码技术		模拟编码	音频感觉编码（数字）	APT-X100 数字压缩技术
频响	L，R，C 声道	20Hz～20kHz	3Hz～20kHz	20Hz～20kHz
	S 声道	100Hz～7kHz	3Hz～20kHz	80Hz～20kHz

4．虚拟环绕声

作为家庭影院主要特点之一的多声道环绕声的确效果很好，因为它所营造出的环绕包围感、空间感和移动定位感确实让人在观看影视节目时有身临其境的真实感。但多声道环绕声需要配备以专门的 AV 功放和使用成套家庭影院用的音箱。这样，不但会占据室内不少空间，而且根据我国现有的住房情况（其实，许多外国人也照样如此），即使有条件买了成套音箱，也未必还都有条件按照家庭影院音箱的摆放要求去进行摆放。对此，各种虚拟杜比环绕声便应运而生，它能将多声道的杜比环绕声解码信号经虚拟化处理后，用两只前置音箱来进行重放模拟。这些虚拟环绕声的工作原理大体相同，皆是利用了人的双耳效应、耳廓效应以及人耳的频率滤波特性和头部相关传递函数（HRTF），只不过在具体实施时采用了不同的虚拟环绕声算法。虚拟环绕声可以应用在 DVD 机、电视机、组合音响以及多媒体电脑上。目前，经过美国杜比实验室认证的虚拟环绕声便多达 10 余种。这些虚拟环绕声各有千秋，但尚未有哪一种能占主导地位。同时还应当看到，这些虚拟环绕声只不过是正规的多声道杜比环绕声系统的一种简便方式，但甚至可说是一种不得已的临时补充，虽有些环绕声效果，但是无论如何还是不能取代真正的多声道杜比环绕声系统的。

以下对其中应用较广泛的 SRS 虚拟环绕声作些介绍。

SRS 是英文 Sound Retrieval System 的缩写，是美国声学工程师阿诺·凯尔曼研制的一种"声音传播延时恢复系统"。它根据人的生理和心理听觉效应，对音频信号进行相位处理和频率补偿，重现真实的现场立体感。

SRS 系统是从输入的左（L）、右（R）声道及 L+R、L−R 信号中提取完整的声场修正信号，经频率补偿等处理后再分配混合到原来的 L 和 R 信号中重放出来。L−R 信号中，包含着所有的直达声和中间声（如人物对白、歌声、独奏等），L+R 和 R−L 中则包含着环绕声信号（包括反射声和其他回响声）。图 4.14 为 SRS 系统电路结构方框图。

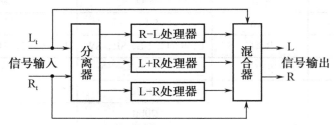

图 4.14　SRS 系统电路结构方框图

SRS 也是双声道虚拟环绕声系统，只用两只音箱即可实现三维立体声场，无须特选位置，也可不用延时或移相等人为信号控制，更不用编码或解码。且不论输入信号是单声道、双声道立体声还是多声道环绕声，该系统都能将声音扩展并形成逼真的全景声场。

SRS 系统虽然对音量及动态范围的扩展与提升较大，环绕感和临场感也较强，但声音的分离度、频率响应等与杜比定向逻辑环绕声系统相比，还有一定的差距，尤其表现在声像移动感方面。

SRS 产品需经 SRS 实验室的认证和许可后，才能使用 SRS 产品的标志"SRS（·　）"，进行生产和销售。

4.4　数码产品

4.4.1　数码照相机

1. 数码相机的分类

数码相机主要根据分辨率进行分类，有普及型、专业型、高级型三种。

（1）普及型。普及型数码相机的分辨率至少应为 640×480，这种分辨率的照片在电视或显示器上输出效果还是不错的，用于因特网网页制作或是创立家庭照片光盘也不成问题。

目前 300 万像素的数码相机已完全能够满足大众旅游纪念留影的需要，2000 万像素的数码相机拍摄出来的照片质量，已经超过了传统相机使用胶片拍摄的照片质量。据预测，3 年后，135 机身主流产品将是 2000 万像素，专业级产品将是 3000 万像素。在其他功能上，普及型相机虽然不及其他两个档次，但仍具备了 LCD 显示屏和可插拔存储卡。如果只想利用数码相机记录画面，而不苛求画面质量，不需要打印输出的话，选择这类相机十分适合。

（2）专业型。专业型数码相机的主要用户是新闻记者，超高分辨率是这类机型的首要标志，其 CCD 包含的像素数在百万级，分辨率至少在 1280×1024 以上，而其色彩深度应为 24 位或 36 位。

此外，可互换镜头、先进的自动对焦和曝光系统、快速的数据存储、可选择的高容量存储卡等优势综合到一起使其满足了专业要求。

（3）高级型。这类数码相机主要针对一般商业用途和对画质要求较高的家庭用户。其 CCD 包含 800 万以上的像素，分辨率一般是 1280×1024 或 1536×1024 以上。同时具有自动对焦的光学镜头、清晰的 LCD 显示屏、灵活的存储卡等设备。

2. 数码相机的工作原理

数码相机与传统相机极为接近，传统相机结构都可在数码相机上看到。数码相机就是在传统相机的机身上安装了光敏器件后组成的。其中，CCD 光敏器件是数码相机的核心部件，也是其中最贵重的部件。而光敏 CCD 元件的数量决定了数码相机的关键性能——分辨率。数码相机正是利用 CCD 光敏器件代替胶卷感光成像，其原理是 CCD 元件的光电效应，因此有人又将这种元件称为"电子胶卷"。CCD 将光信号转换为电信号，记录到内存中，形成计算机可以处理的数字信号。

3. 数码相机的使用

图 4.15 是奥林巴斯 C－5050 示意图。大部分数码相机在装有普通光学取景器的同时，都配备了一个高清晰度的液晶彩色显示屏，让拍摄者能更精确地选择要拍摄的对象。一般将相机设置为自动模式就可以拍摄照片了。不过，你如果需要得到更高质量的图像时，就必须对数码相机的设置进行调节。拍摄前的设置包括分辨率、曝光度、白平衡、感光度等。

设置的方法一般是通过 LCD 液晶显示屏的菜单进行。有些设置也采用模式转盘和开关按钮，如曝光模式、闪光模式，白平衡等。下面就奥林巴斯 C－5050 数码相机介绍数码相机的设置。

（1）检查存储卡。不同的相机插入存储卡的方法不尽相同，所以建议用户在操作前先认真阅读用户指南，以免因操作不当而损坏插槽或存储卡，但是其操作方法大同小异。基本的安装方法和要领是：确认电源开关处于关闭位置。打开存储卡仓盖，将存储卡插入，注意反正面，SM 卡一般是将有金属的一面朝向相机后面。要注意一定要插到位，到位时应能听到数码相机发出轻微的一声"哒"。初学者因为过于小心而不敢用力，也会出现存储卡插不到位的情况。存储卡插好以后，应关闭插卡仓盖。此时打开电源，在单色液晶显示的控制面板上会显示出可拍摄帧数。如果安装不正确，则液晶屏没有显示。取出存储卡则更简单，只需打开仓门，轻轻地将存储卡往里按一下，存储卡就会自动从插槽内滑出一部分，用手小心地拿住卡将它从插槽中取出，然后关上卡门即可。要注意的是：当数码相机取景器左边的"预备灯"（Ready）闪烁时，千万不能插、拔存储卡，否则有可能造成"机卡亡"的严重后果。

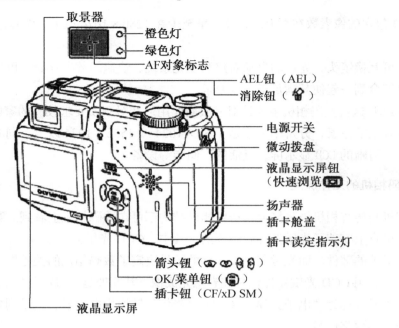

取景器
橙色灯
绿色灯
AF对象标志
AEL钮（AEL）
消除钮（🗑）
电源开关
微动拨盘
液晶显示屏钮
（快速浏览 🔳）
扬声器
插卡舱盖
插卡读定指示灯
箭头钮（🔄🔄📷📷）
OK/菜单钮（🔲）
插卡钮（CF/xD SM）
液晶显示屏

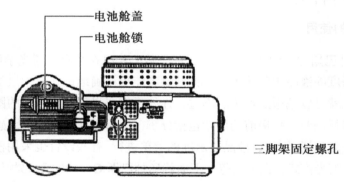

电池舱盖
电池舱锁
三脚架固定螺孔

图 4.15　奥林巴斯 C—5050 示意图

（2）白平衡的设置。白平衡就是在不同的光线条件下，调整好红、绿、蓝三原色的比例，使其混合后成为白色，使摄影系统能在不同的光照条件下得到准确的色彩还原。这就如同人眼一样可在不同的色光下辨别固有色。如用滤色片校色一样，只是数码相机不是依靠换用滤色片来调整色温，而是利用电路改变不同色光所产生的电信号增益的方法来实现。数码相机白平衡的调整通常有三种模式：自动白平衡、分档设定白平衡、精确设定白平衡（手动设定模式）。

白平衡的功能给我们的摄影带来了许多的便利和意想不到的效果。如摄影棚摄影对灯光的色温要求就可不必那么高。白炽灯下依然可拍出准确的色彩。也不必为日光灯给我们带来的青色而烦恼。我们可以在较高色温条件下设定白平衡，在较低色温情况下拍摄，使画面带上暖色调。反之，也可在低色温条件下设定，在高色温下拍摄也可产生特别的效果。在分档设定白平衡里，也可有意的将光源档与现场光设定不一致，亦可同样的产生不同的艺术效果。

绝大多数数码相机上的白平衡为自动调整，即数码相机根据拍摄的光照条件和当时的环境状态自行套用一种数据程序，而不需拍摄者作任何调节，在拍摄模式下打开液晶显示屏后按选单键，按十字键的上（下）箭头选择开头为"WB"的选项，然后再按十字键的左（右）键选择，如果选择"自动"调节，则数码相机在拍摄时将会自动调整白平衡，如果选择其他选项，控制面板上将显示出手动白平衡的调节标志。

　　（3）设定分辨率。大多数数码相机都提供多种照片质量的选择，图像的分辨率越高，存储卡存储的图像数量就会越少。设置合适的图像分辨率可以合理地使用存储空间，使一次拍摄的照片更多。拍摄时究竟该用多大的分辨率，取决于对画面的质量要求及拍摄的目的，一般有以下几种情况：① 如拍摄的数码影像文件最终要通过打印或其他方法得到高质量照片、精美印刷品等，则应以最高分辨率拍摄；② 如拍摄的画面通过计算机显示器观看，或通过投影机投影，则拍摄分辨率可根据计算机显示器的分辨率或投影机的分辨率而定，应力求使拍摄画面的分辨率与这些设备的分辨率相吻合；③ 如拍摄的画面主要是供上网传输，考虑到显示器的分辨率和目前上网传输的速率都不是很高，大的影像文件上网传输需要较多的时间，因此拍摄分辨率宜低不宜高；④ 如拍摄的影像文件用于书刊中作插图，则应根据印刷的分辨率和图像在书刊中的大小来确定图像分辨率，以便被采用时既不要插值处理，又不要减少像素，求得最佳匹配，使插图保持原汁原味。

　　奥林巴斯 C－5050 设置方法为：在接通电源，不连接打印机及个人电脑的状态下将模式拨盘设定到拍摄位置，在拍摄模式下打开液晶显示屏后按选单键，在 Picture 标签下设定图像质量和分辨率。静止图像可设定为 RAW、TIFF、SHQ、HQ、SQ1、SQ2；动画可设定为 HQ、SQ。然后按十字键的左（右）箭头根据需要选择其中之一，按 OK 键即可。

　　（4）拍摄模式的设定。通过转盘可以进行一些相关的设定，从而达到我们拍摄的不同要求，如图 4.16 所示，主要的设定如下。

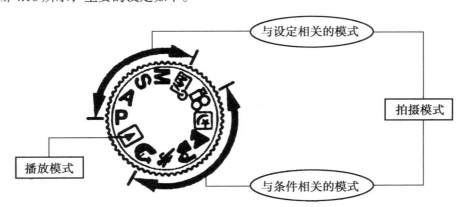

图 4.16　转盘功能

①　与设定相关的模式：

P——自动拍摄模式，照相机自动设定光圈和快门速度，其他如闪光模式等可手动调节。

A——光圈优先拍摄，允许手动设定光圈，照相机自动设定快门速度。

S——快门优先拍摄，允许手动设定快门速度，照相机自动设定光圈。

M——手动拍摄模式，允许手动设定快门速度和设定光圈。

MY——自我设定模式，照相机可以按照事先人为设定好的模式拍摄。

② 与条件相关的模式。以下图标依次表示动画记录、夜景拍摄、风景拍摄、风景＋肖像拍摄、运动场面拍摄、肖像拍摄。

（5）随时查看已拍相片。数码相机的"快速查看"（Quick view）模式可以随时查看已经拍摄的相片。在拍摄模式下快速按两下（双击）Quick view 键，相机就进入播放模式，并显示最后拍摄的图像。将转盘转到"播放模式▶"，按十字键的左（右）键可以一幅幅查看拍摄的图像。也可以在播放菜单中进行设定，可以连续播放和选择播放等。在查看的过程中，可以对图像的大小进行设置和从新存储。可以用剪切功能对图像的一部分进行剪切并另外存储。如果拍摄了好几张图像，并想全部将它们显示时，只需用索引方式即可。您可以随心所欲地将不满意的图像删除，点击删除按钮后，将会在显示屏上出现删除警告。如果用户需要确保某张图像不被意外删除，则可以使用保护按钮将其锁定，这样可以防止意外删除。奥林巴斯还提供了幻灯片显示模式，在显示模式下按选单键后按十字键的上（下）箭头，选择"幻灯片显示模式"，按 OK 键后幻灯片显示开始，按选单键后停止。

（6）导出相片。数码相机和电脑的连接一般通过两种方式：串口和 USB 口。串口的优点是所有的计算机上都有，但缺点是速度比较慢；USB 口的速度则要快得多，是串口的二三十倍，但缺点是有的老机器上可能没有这个接口。

早期的数码相机的图像传出需要专用的传输软件，而对于奥林巴斯 C—5050 相机及现在的一些主流数码相机大都不用专用的软件，只要将数码相机的输出接口与计算机的 USB 接口相连接，使数码相机和计算机都在开机状态下，计算机就会以移动硬盘的方式将数码相机的存储器读出来，此时在计算机上就可以非常方便的将数码相机中存储的照片文件通过剪切、复制等方式将图像文件输送到计算机的硬盘上（在 Winxp 和 Win2000 操作系统中不必安装驱动，系统就可以自动识别出来，但是在 Win98 等系统上则需要安装驱动程序，系统才可以识别出来）。

借助读卡器也可以将数码相机中的文件读出来。将存储卡从数码相机中取出，插入读卡器的插口内，在计算机中就可以将存储卡中的文件读出，并移动存储到计算机中。

数码相机的设置还有许多，以上只是数码相机拍摄相片时的一般设置步骤。数码相机与普通相机不同的另一点是：普通相机的功能调用基本上是通过按键或转动转盘的方法来实现的，而现在的数码相机特别是家用级的数码相机基本上是通过菜单选项的方式来实现，这一点在分辨率等一些调整中有明显体现。习惯使用普通相机的用户会有一时的不适应。不过，只要弄懂了数码相机是怎么回事，掌握了以上的基本操作方法后，就可以放心地取景、构图、调整曝光补偿然后按下快门，一张相片就这样 OK 了。

4.4.2 数码摄像机

1. 摄像机的分类

摄像机按记录信号的方式可分为数码机和模拟机两种，按使用的录像带和结构的不同又可分为多种格式，如模拟摄像机有 V8、Hi8、VHS/VHS-C 与 S-VHS/S-VHS-C 等格式，数码摄像机有 D8、DV、miniDV 等格式。D8 没有"记忆棒"，一般不具备数码相机的功能，即使用所谓的"静止图像"拍摄功能，也是把图像记录在磁带上的。DV、miniDV 都有"记忆棒"，具备数码相机的功能，但 D8 比 DV、miniDV 便宜。

数码摄像机的信号解晰度在 500 线以上，具有轻便易携，复制无信号损失等优点，因而被西方独立制片人所广泛采用。数码摄像机有三种输出方式，即与普通电视机连接的 AV 方式、S-VIDEO 高清晰视频输出、DV 输出（1EEEl394 标准）。DV 做为新一代的数码录像产品的规格，体积更小、录制时间更长，该类机型使用 6.35mm 带宽的录像带，以数码信号来录制影音，录影时间为 60min，有 LP 模式的可延长拍摄时间至带长的 1.5 倍。目前市面上的 DV 录像带有两种规格：一种是标准的 DV 带，另一种则是缩小的 miniDV 带。一般家用的摄影机所使用的录像带都是属于这种缩小的 miniDV 带，如图 4.17 所示。

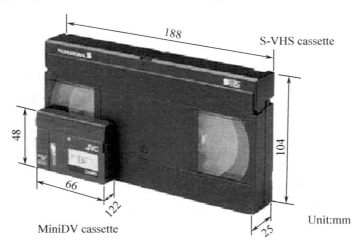

图 4.17 录像带

2. 数码摄像机的原理

数码摄像机的原理与数码相机有相似之处，只是捕捉的是动态图像而非静态图像。它的内部基本结构可以概括为三个部分：光电转换摄像头部分、数字化处理部分、数字化存储录像部分，如图 4.18 所示。

就目前来说，家用数码摄像机采用的摄像部件也是大家熟悉的 CCD 传感器，如图 4.19 所示。和数码相机一样，CCD 像素的高低也是影响数码摄像机影像质量的主要因素。

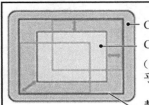

CCD的总像素

CCD的有效像素

（解像度的高低全视
乎有效像素的数值）

静止画面摄影时的有效像素

减去有效像素数值，剩余的总像素
数值就会用作修正手的抖动。（电子防抖系统）

图 4.18　数码摄像机的结构　　　　　　　图 4.19　CCD 传感器

过去常用的模拟摄像机记录信号的方式是模拟格式，图像清晰度一般都在 300～420 线的水平（线数越高越好），而数码摄像机记录信号的方式是数码格式，图像清晰度一般在 500 线以上，普通电视的清晰度大约在 280 线左右，VCD 的清晰度也只是 230 线。可见，数码摄像机在清晰度上具有很大优势的。一台 3CCD 影像感应器的数码摄像机可以提供更自然的颜色和更宽的视觉对比度，具有 3CCD 影像感应器的数码摄像机体积比只有 1CCD 影像感应器的数码机要稍大些。大多数的数码摄像机具有 80～100 万的像素。有的人以为 CCD 的像素数目越多越好，实际上，一个普通的隔行扫描式 CCD，其有效像素数目只有 50% 左右，拍摄效果优劣与否还要靠镜头和机械部分的配合，并不是单靠 CCD。所以，不要直觉地认为内置 800 万像素 CCD 就一定比内置 450 万像素 CCD 的效果更好。

3. 数码摄像机的使用

数码摄像机的外形如图 4.20 所示。应用数码摄像机是一种连续的拍摄，具体的设置有很多，对于一般的摄影者要掌握便利的程式自动曝光功能，这样可以做到简便易用。

智慧型配件适配器

内置Memory StickTM
记忆棒插槽

智慧型自动闪光灯

放置式液晶屏幕

专业"蔡司"镜头
（Carl Zeiss Wario-Snnar T*）
活动式腕带

USB端子
DV输出端子
（LINK）

随机附送
8MB记忆棒

端子口

图 4.20　数码摄影机的外形

（1）程式自动曝光。

射灯模式：在拍摄舞台剧或婚礼等强光照射下的对象时，防止人的脸部显得过白。

运动课程模式：可用于拍摄运动速度快的动作画面，如打高尔夫球、网球等动作，减少被拍摄物的抖动。

日落及月夜模式：用于拍摄夕阳、烟花、霓虹灯或一般夜景时保持气氛情调。

风景模式：聚焦在无限远，确保被摄的风景、目标全部清晰。适合拍摄山脉等远方的景物，也用于拍摄玻璃窗或网板后面的物体时，防止摄像机对窗户的玻璃或金属网板聚焦。

海滩及滑雪模式：盛夏沙滩滑水或冬日滑雪时因光线较强，拍摄的人物会出现反光现象，此模式可以防止人物显得过暗的情况出现。

弱光拍摄模式：在光线不足的环境，也可明亮地拍摄物体，具有慢快门的效果。

快门速度：要清楚的拍摄每一瞬间的静止画面，就要提高快门速度，不过记住要在阳光充足的情况下才行，否则拍摄出来的影像就会变暗。

（2）DV 应用技巧。

（a）真正做好摄像的工作首先要准备好充足的电池和 DV 带。在摄像的过程中，尽量使用取景器取景，因为 LCD 显视屏是很费电的。

（b）如果准备对拍摄完的磁带使用摄像机进行后期配音的话，一定要将音频记录模式选择为 12 比特。一般使用的时候建议使用 16 比特记录以保证良好的音质。

（c）要拿稳摄像机，因为直接关系到动画的质量，如果可能的话用三角架。摄制之前要先构好图，同时在拍的过程中要用另外一只眼睛先计划好。

（d）不要频繁地改变镜头的焦距，一开始最好用广角镜头来拍，之后根据需要再变焦。

（e）更换场景或变换内容记录前应先记录 10～30s 彩条，以便编辑时选取画面参考。

（f）镜头的光圈如果有手动功能就放在手动位置。

（g）在拍人物时，如果要反映人物的动作和面部表情，就拍腰部以上，如果要拍面部表情，就拍胸部以上。

（h）动态的拍摄技巧正确的做法是以腰部为分界点，"下半身不动上半身动"，而且动作要轻。切忌不要摇来摇去或是忽快忽慢，总之看起来非常不顺畅。

 习题4

1. 彩色电视机开机预热的作用是什么？
2. 彩色电视机的荧光屏出现花屏的原因是什么？
3. 电视机显示屏的尺寸是如何规定的？
4. 目前我国的屏幕显示方式有哪几种？
5. VCD 光盘的存储容量是多少？

6. 单面 DVD 光盘的存储容量是多少？

7. 简述家庭影院的构成。

8. 简述虚拟环绕声的作用。

9. 简述数码照相机拍摄模式的设定。

10. 简述数码摄像机的拍摄技巧。

第 5 章

办公自动化类产品的基础知识

办公自动化是指应用微型计算机和内装微处理器的各种电子办公设备组成办公室人机系统。办公自动化是区别于生产车间工艺过程自动化而提出的。

办公自动化的设想是 1975 年美国首先提出的，1978 年以后流行于日本等国。微型计算机的出现，促进了办公自动化的发展。它能提高管理人员的工作效率。有人认为办公室人机系统，不是建立在反馈原理之上的，所以不宜称做自动化，只能称为机械化。也有人认为办公室自动化，实际上是把计算机技术应用于办公室工作，称它为计算机辅助办公更为适宜。

1964 年，美国 IBM 公司研制成功用磁带存储数据的打字机，第一次在办公室中引入文字处理的概念，1969 年又研制出磁卡打印机，用以进行文字处理。20 世纪 70 年代微电子技术的发展，特别是 70 年代末期个人计算机的出现，使办公室自动化进入了以微型计算机、文字处理机和局部网络为特征的新阶段。

办公室里的大部分信息（85%以上）是用文字记录或传递的。因此，文字处理系统是办公室自动化中最重要的设备。它由微型计算机配以文字处理软件组成，用键盘输入文字，在显示器的荧光屏上显示出来，并利用软件功能进行增删、修改、换行、调字以及文字放大、缩小、变体等工作。编好的文件可打印、可存储，也可通过通信线路传送。办公自动化的另一个重要内容是数据运算，多数由通用微型计算机完成。

电子函件正在各类办公室逐步获得应用。它是一种用电子技术传送声音、图像、数字、文字或其他混合型信息的技术。它包括简单的电话机、传真机以及复杂的计算机。最重要的是微型计算机局部网络和 Internet（国际互联网），它将各台微型计算机和输入输出设备，用通信线路通过接口连成一体，实现互相通信和资源共享。局部网络和 Internet 网均可传递带有文字、图像、音乐等的电子函件。

此外，发展高密度存储技术也是办公自动化的重要内容。将各种文件、资料、档案等信息存储在尽可能小的空间内，由计算机进行高速检索。以高密度、大容量磁盘、光盘存储器为基础的数据库是计算机信息检索系统应用最广的技术。可用做信息存储的介质还有磁带、缩微胶卷等。

远程通信会议也是办公自动化常用的技术。位于不同地点的人可通过长途电话或计算机网举行会议。远程通信会议包括交换行政和技术情报的行政会议、记者招待会、远程疾病诊断或会诊、远程教学等。一些大企业和管理部门均设有以通用计算机为主的计算中心和管理信息系统，进行定型的大量信息处理工作。而非大量的和非定型的信息处理，以及数学模型的摸索试验，则利用办公室自动化系统分散处理，这有利于调动管理人员的积极性和创造性。

计算机网络技术的发展，促进了家庭办公方式。手提式高性能微型计算机的不断完善，使一部分人可在旅途中办公。高密度存储技术的发展减少了办公用纸。办公自动化的发展对人们的办公方式产生着重要的影响。

5.1 办公自动化类产品的分类

现代办公设备（或称办公自动化设备）的种类繁多，但基本上可分为以下三大类。

1. 计算机类设备

计算机是现代办公活动中的关键设备，离开了计算机就谈不上办公自动化。该类设备包括大、中、小和微型计算机，以及各种联机外部设备。特别值得一提的是近年来发展起来的多媒体计算机，由于这种计算机能综合处理数据、文字、声音、图形和图像等多种形式的信息，人们用它可以发传真、发电子函件、浏览因特网（Internet）、看电视、听广播以及处理各种办公事务，从而使计算机在现代办公活动中发挥的作用越来越大。

联机外部设备主要包括一些计算机的输入/输出设备和外存储器。计算机输入设备除常用的键盘和鼠标器外，还有手写输入设备、光学字符阅读器、数字图像扫描仪和语音输入设备等；计算机输出设备包括显示器、打印机和自动绘图机等。较新的输出设备有喷墨打印机和激光打印机；在计算机系统中，用于外存储器的设备主要是磁盘（软、硬盘）驱动器和 CD-ROM 光盘驱动。光盘是目前最先进的大容量外存储器，一片 5.25in 的光盘单面容量为 650MB（相当于数百张软磁盘）。光盘的类型按读写功能分为只读型、一次写入型和可重写型三类。

2. 通信类设备

在现代办公活动中几乎每时每刻都在进行各种形式的通信，例如收发文件、打电话、发传真、拍电报等，所以通信设备在办公自动化中是必不可少的。此类设备主要包括通信网络设备和用户终端设备。

通信网络设备有程控交换机、长距离数据收发器、调制解调器、计算机局域网、公用电话网、公用分组交换数据通信网和综合业务数字网等。通信用户终端设备与办公人员的关系最为密切，而且操作方便，人人会用，是办公系统中的"信使"。这类设备主要包括各种电话机（如按键式电话机、录音电话机、可视电话机、磁卡电话机、移动电话机等）以及图文传真机和电传机等。

3. 办公用机电类设备

在现代办公设备中，除了计算机类设备和通信类设备外，其余都可归纳为办公用机电类设备。这类设备最多，最繁杂，根据其功能大致可分为：

（1）信息复制设备，如复印机、一体化速印机、制版机、胶印机、电子排版轻印刷系统等。

（2）信息存储设备，如录音机、摄像机、数码照相机、计算机文档存储系统等。

（3）其他辅助设备，如空调机、不间断电源、幻灯机、投影仪、碎纸机、装订机、裁纸机等。

综上所述，现代办公设备品种繁多，门类庞杂。但是在各类办公机构中目前应用最广泛的主要有传真机、激光打印机、喷墨打印机、静电复印机和一体化速印机等五种现代办公设备。

5.2　办公自动化类产品概况

5.2.1　微型计算机

微型计算机的发展经历了数十年。第一代是采用电子管的计算机。第二代是采用晶体管的计算机（1958～1963 年）。第二代已将第一代的计算机改良，而性能方面有较大提高，演算单元也从真空管转换为晶体管。因此，此时代称为晶体管时代。第三代是采用集成电路（IC）的计算机（1964～1970 年）。第三代计算机，在外观方面、功能方面均有高度的发展。第四代是采用微处理机（CPU）的计算机（1971～1983 年），这一制造微型电子计算器的构想，是 1969 年 8 月由一位年轻的设计人员提出来的。他设想，在中规模逻辑集成电路的基础上，研制一种标准化的大规模集成电路，能把原来数台计算器的逻辑电路集于一身，这样，就能把计算器的体积再次缩小成微型机。1971 年，英特尔公司首次宣布单片 4 位微处理器 4004试制成功。从此，揭开了微型机发展的帷幕。微型机以小巧的身躯、灵活的方式和低廉的价格，迅速进入了办公室、商店、工厂、实验室和家庭，几乎无处不有它的身影。20 世纪 80年代至 90 年代，超大规模集成电路的集成度以每两年增长一倍的速度发展。建立在微电子技术上的电子计算器，也每隔三年更新一代。而现在计算机"智能"化的浪潮，将更显著地改变各行各业和社会生活各个角落的面貌。第五代具有人工智能的计算机正在研制中，其目标是成为有人工智能的计算机，它具备常识、推论、闪出智能火花、判断等功能，可是目前还没有研究成功。

5.2.2　打印机

打印机是计算机系统、办公自动化系统中主要的输出设备之一，它是一种具有各种控制功能的终端设备。主要用于输出打印运算过程、结果、文件副本，还可以用于打印统计图表和描绘图形。随着计算机技术的发展，打印机已形成一种系列化的外围设备。各种打印机正朝着高速、高打印质量、高可靠性能、低噪声、操作简单和维护方便的方向发展。

1. 打印机的发展

早期的打印机有球式、菊花瓣式、羽毛球式和柱轮式等，它们是根据活字载体的形状而区分的一种字模式打印机，打印时一次打印出一个整字符，然后逐行、逐页地打印输出。打印速度慢、噪声大。20 世纪 70 年代初期出现了针式打印机，其打印头开始只有 7 根打印针，采用 5×7 点阵组成字符。打印速度较低，印字质量差。其后出现了 9 针打印机，字符点阵变为 9×9，速度大幅度提高。随着微电子技术和计算机技术的高速发展，针式打印机广泛采用微处理器、RAM、ROM及 I/O 芯片，向智能化方向发展。20 世纪 80 年代出现了以微处理器为核心的智能控制电路，可根据用户需要灵活更改字符库。用于驱动字车和打印纸的步进电动机改进为小体积、大输出力矩、高工作效率。打印针由 7 针增加到 24 针，其字符点阵从 5×7 发展到 30×24 等多种点阵格式。针式打印机不仅可以打印多种字符，还可以打印图形，提高了打印质量，加快了打印速度。

随着计算机技术的发展，相应地对打印设备提出了更高的要求，高速度、低噪声、高分辨率，输出图像化、彩色化成为最基本的要求。击打式打印机已不能完全满足这些要求。为此相继出现了激光、喷墨、热转印、磁式等非击打式打印机。为实现图形彩色化，针式、喷墨、激光和热转印等机种都具备了彩色打印输出功能。

2. 打印机的分类

目前打印机大致可分为击打式打印机和非击打式打印机两大系列。

击打式机种是利用机械原理，使用字锤击打活字载体上的字符，或者使用打印钢针撞击色带和纸打印出由点阵组成的字符图形。

非击打式机种是利用各种物理或化学的方法印字，如激光扫描、喷墨、静电感应、电灼、热敏效应等。

在这两大系列中，按印字输出方式又可分为串行式、行式和页式。

串行式打印：在一行中顺序打印每一个字符的为串行式打印。

行式打印：一次就打印出一行中需要打印的字符为行式打印。

页式打印：一次就打印出一页中需要打印的字符为页式打印。

在各种印字输出方式中，又以其印字原理的不同，形成了多种打印机产品系列。下面将打印机的分类归纳如图 5.1 所示。

$$
打印机
\begin{cases}
击打式
\begin{cases}
串行式
\begin{cases}
针式 \\
字符式（球式、柱轮式、菊花瓣式）
\end{cases} \\
行式
\begin{cases}
多头式 \\
排针式
\end{cases}
\end{cases} \\
非击打式
\begin{cases}
串行式：喷墨式、热敏式、电灼式 \\
行\ \ 式：热敏式、静电式、喷墨式 \\
页\ \ 式：发光二极管式（LED）、液晶式（LCS）、静电式、激光式、磁式
\end{cases}
\end{cases}
$$

图 5.1　打印机的分类归纳

上述所列的打印机中属于击打式的串行字符式打印机是打印机的早期产品，它是以整个字符的方式输出打印的，打印质量好。但是它不能同时满足高质量的文本打印和高质量的图形打印，所以已基本淘汰。除此之外都采用点矩阵结构进行打印，因而统称为点阵打印机。点阵打印机又以印字原理的不同而划分为针式、喷墨式、激光式、热敏式、电灼式和静电式等多种系列。针式打印机中的打印头是由打印针构成的，因而叫针式打印机。

非击打式打印机基本属于点阵式。

3. 打印模式的选择

现在使用的常规打印模式有三种，分别是单机打印模式、共享打印模式和网络打印模式。

（1）单机打印模式。单机打印模式就是在一台电脑上安装一台打印机，但是只由单机使用，并不共享，如图 5.2 所示。这种方法打印机的利用率不高，家庭中常用。

图 5.2 单机打印模式

（2）共享打印模式。共享打印模式就是将一台普通打印机安装在作为打印服务器的计算机上，然后通过网络将打印机共享，供局域网上其他用户使用，如图 5.3 所示。这种模式适合打印量比较少的打印场合，已经在小型办公网络中得到了广泛的应用。

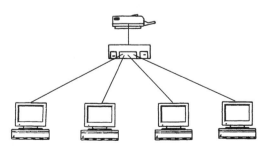

图 5.3 共享打印模式

（3）网络打印模式。网络打印模式是将一台带有打印服务器的网络打印机通过网线连入局域网，设定网络打印机的 IP 地址，使网络打印机成为网络上一个不依赖于其他计算机的独立结点，然后在其他计算机上安装打印机的驱动程序，其他计算机就可以使用网络打印机了。网络打印模式如图 5.4 所示。网络打印的速度较高，因此适合于在大中型办公网络中使用，目前正在迅速普及。

图 5.4 网络打印模式

从上面可以看出，共享打印和网络打印的共同之处在于资源的共享，即多台计算机共用同一台或几台打印机，以达到资源最大程度共享的目的。

（4）集群打印模式。"集群打印"是近年来兴起的新型打印模式，它采取了一种截然不同的思路，不是一台电脑安装一台打印机，而是一台电脑安装多台打印机，如图 5.5 所示。但是集群打印并不只是简单地在一台电脑中安装多台打印机，它的最根本特征是用户在计算机的操作系统中看到的只是单独的一台打印机，而不是多台打印机，因为集群打印技术使这些打印机组合成了一台高速的"逻辑打印机"。

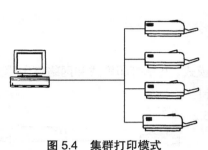

图 5.4 集群打印模式

集群打印是由一套软件系统来实现的，这套软件系统使各个独立的打印机在逻辑上合并成一台高速打印机，可以提供高达 300p/min（每分钟输出页数）的打印输出速度，并且能够实时监控打印机状态，实现在各个打印机之间自动分配打印作业。

集群打印系统平时仍可作为普通的办公室打印机使用，可以通过网络共享，这样会提高设备的利用率，只不过网络上其他用户看到的也是一台打印机。

集群打印有什么特点呢？集群打印可以在以下打印情况中大显身手。

① 高速打印。在一些特殊行业或部门，需要快速打印，要求每分钟输出 100 页以上，但是要求的印量却可能比较小，在几百页至几千页之间。在这种情况下，使用价值数十万元，甚至数百万元的专业印刷设备或高速专业打印机虽然能够达到要求的速度，但是却非常不经济。如果使用单台高速激光打印机，虽然经济性要求达到了，但是速度则达不到要求。

如果使用集群打印技术，只需要 4 台 25p/min 以上的激光打印机，就可以达到 100p/min 的打印速度。集群打印的速度是单台打印机的速度之和，因此单台打印机速度越快，集群的打印速度也越高。

昂贵的高速专业打印机之所以在很多领域中可以占据主导地位，很大程度上是依靠它具有强大的输出能力。通过集群打印技术，使打印输出速度并不亚于高速专业打印机，但是成本却只是高速专业打印机的几分之一。

② 容错打印。在使用打印机的时候，经常会出现这样的情况，由于打印机卡纸或其他原因，使打印不能继续进行。在处理完这些故障之后，打印机可能会因为缓冲溢出等原因，导致打出的页面出现乱码，或者有其他意想不到的现象发生。在传统的方式下，必须清除打印作业、重新打印才行。如果打印的是一份非常紧急的文件（如合同），这样就会带来很大的麻烦。

如果采用集群打印技术，这个问题就好解决了。当一台打印机出现故障时，由集群打印管理系统自动将它承担的打印任务分配给其他打印机，等这台打印机恢复正常状态以后，集群打印系统又可以为它自动分配打印任务，从而大大减少了用户的干预，提高了打印效率。

5.2.3 扫描仪

一种将图像信息输入计算机的设备。它将大面积的图像分割成条或块，逐条或逐块依次扫描，利用光电转换元件转换成数字信号并输入计算机。

　　扫描仪是 20 世纪 80 年代中期才出现的光机电一体化产品。它由扫描头、控制电路和机械部件等组成。扫描头由光源、光敏元件和光学镜头等组成。光源通常采用长条状白色发光二极管（LED）；也有彩色扫描仪采用黄绿色发光二极管的。工作时照射到原稿（扫描对象）上的光反射（或透射）到电荷耦合器件（CCD）上。电荷耦合器件本身是由许多单元组成的，因此在接收光信号时将连续的图像分解成分离的点（像素），同时将不同强弱的亮度信号变成幅度不同的电信号，再经过模数转换成为数字信号。扫描完一行后，控制电路和机械部件使扫描头或原稿移动一小段距离，继续扫描下一行。扫描得到的数字信号以点阵的形式保存，再使用文件编译软件将它编辑成标准格式的文本，存储在磁盘上，以便进一步处理。一幅分辨率为 300d/in（每英寸点数）的 A4 幅面的彩色图像，最后形成的文本大约是 30MB。

　　扫描仪种类很多，可以按不同的标准来分类：按图像类型分有黑白、灰度和彩色扫描仪；按扫描对象幅面大小可分为小幅面的手持式扫描仪、中等幅面的台式扫描仪和大幅面的工程图扫描仪；按扫描对象的材料分有扫描纸质材料的反射式扫描仪和扫描透明胶片材料的透射式扫描仪；按用途分除了通用的扫描仪外，还有专用的扫描仪和卡片扫描仪、条码扫描仪等。近年来发展有实物扫描仪和 3D 扫描仪，其扫描出的文件不是常见的图像文件，而是能够准确描述物体三维结构的一系列坐标数据，输入 3DMAX 中即可完整地还原出物体的 3D 模型。

　　在计算机中应用扫描仪始于 1984 年，早期进展缓慢，近几年由于中央处理器运算速度的提高，硬磁盘存储器容量的增大，扫描仪本身技术的进步以及配套软件的完善，使扫描仪得到广泛应用。现在扫描仪应用最多的领域是出版、印刷行业。使用扫描仪可以不用手工描绘，而直接整页输入计算机，不但可输入文字，还可输入图像、照片等，大大提高了工作效率。在办公自动化领域，扫描仪用于资料制作、资料管理、机械或其他工程图纸档案的管理等。此外，扫描仪还用于模式识别，如公安系统的指纹识别等。

　　扫描仪可以说是一种比较精致的设备，平时一定要认真做好保洁工作。扫描仪中的玻璃平板以及反光镜片、镜头，如果落上灰尘或者其他一些杂质，会使扫描仪的反射光线变弱，从而影响图片的扫描质量。为此，我们一定要在无尘或者灰尘尽量少的环境下使用扫描仪。用完以后，一定要用防尘罩把扫描仪遮盖起来，以防止更多的灰尘来侵袭。当长时间不使用时，我们还要定期地对其进行清洁。

　　清洁时。首先我们要拿一块软布把扫描仪的外壳（不包括玻璃平板）擦拭一遍，目的是扫除表面的浮灰，防止用水擦拭时将外壳弄得更花。接着用一块湿布把外壳仔细擦一遍，注意布不要太湿，在擦拭的过程中最好不要有水流出来。在一些积垢很厚的地方，可以在湿布上沾一些洗衣粉，然后用力擦几下就可以了，最后别忘了再用干净的湿布把有洗衣粉的地方再擦一遍。接下来打开扫描仪，可以用吹气球吹一下，然后您可以等吹起的灰尘落一落，别忘了在这期间把扫描仪罩起来，否则刚才做的就变成无用功了。准备蒸馏水，一小团脱脂棉备用。

　　在扫描仪的光学组件中找到它的发光管、反光镜，把脱脂棉用蒸馏水浸湿，干湿程度以用劲挤压后不出水为好，然后小心在发光管和反光镜上擦拭。注意，一定要轻，不要改变光学配件的位置。如果您发现扫描仪在使用过程中有些噪声，那可能是滑动杆缺油或是上面积垢了，您可以找一些润滑油在滑动杆上擦一些，增加它的润滑程度，噪声问题就可以基本解决。里面全部清洁完毕后把机器装好，最后再用一块干净的湿布把扫描仪的平板玻璃擦干净。

我们在做好扫描仪的维护工作的同时，如果希望得到比较好的扫描图像质量，最好能掌握一定的扫描技巧。因为使用同样一台扫描仪，扫描同样一幅图像，有的人扫描出来的图像质量很好，而有的人扫描出来的图像既缺乏层次，又偏色，与扫描好的图像相比可能有天壤之别，需要的就是一些扫描的技巧。

5.2.4 复印机

复印技术是随着现代科学技术的发展而产生和发展起来的一门新技术。它的诞生同历史上印刷术的出现一样，对人类文明起了一定的促进作用。静电复印机能够快速、准确、清晰地再现文件资料以及图样的原型，从而给人们的科研、生产和生活带来极大的方便。复印机已经成为科学研究以及国民经济各部门提高工作效率的一种得力的机械，其使用范围日益广泛。

早期的复印技术，一种是采用银盐摄影的方法，用胶卷直接反拍或放大。其缺点是手续繁杂、速度慢、成本高。另外一种是重氮复印，工程设计图纸至今仍多采用此法晒图，其缺点是要求原稿必须是透明纸，否则就不能够复印。

1950年，美国施乐（Xerox）公司首次推出手工操作的硒板静电复印机。它与其他种类的复印机比较，具有操作方法简便、时间快、成本低，对原稿的纸质无特别要求等优点，因此静电复印技术在半个世纪以来得到了非常迅速的发展，成为复印技术的主流。静电复印机已经成为全世界最广泛应用的一种复印机。

我国复印技术的研究始于20世纪60年代初期，至今已在复印材料和设备的研究以及试制方面取得了一些成果，但还远不能满足国民经济对复印技术的需要，与世界先进水平相比，差距还相当大。20世纪80年代，我国引进外国（日本等国家）的先进生产技术和技术专利，从而促进了我国静电复印机及器材的生产技术、质量水平的提高。

当前，静电复印机的发展方向是向高速、高级、微处理化以及专业化发展。例如，施乐牌9200型静电复印机，采用可挠性镍基硒光导环带，全幅面闪光曝光，自动进稿。自动进稿器一次可以装50张稿。分页机有50个收集器，可连续复印999张稿。一条光导带至少可以复印120万张稿。该机采用计算机式的电键控制板作为指令中心，具有记忆和显示功能，操作方便，复印速度为每分钟120张，是目前世界上速度最快的静电复印机之一。新型的静电复印机大都具有双面复印、自动移稿、自动分页、传感电键等装置。有些新型机采用微处理器自动诊断机器故障的产生部位（称为自诊装置），可以迅速排除机器故障。目前还有一些专门供各种特殊部门需要的复印机，如彩色复印机、传真复印机、缩微胶片复印机（以各种缩微胶片为原件的复印机）、阅读复印机（既能阅读缩微胶片，又能从事少量复印的复印机）等静电复印机。

5.2.5　传真机

1. 传真机的发展

传真通信是使用传真机，借助公用通信网或其他通信线路传送图片、文字等信息，并在接收方获得与发送方原件相同的副本（拷贝）的一种通信方式。传真通信是现代图像通信的重要组成部分，它是目前采用公用电话网传送并记录图文真迹的重要方法，这也是它获得广泛应用的一个重要原因。

传真通信的基本思想是英国人亚历山大·贝恩（Alexander Bain）于 1843 年提出的，但是直到 1925 年才由美国贝尔实验室利用电子管和光电管制成世界上第一台传真机，使传真技术进入到实用阶段。不过当时由于传真机的造价昂贵，又没有统一的国际标准，而且传真通信还需要架设专门的通信线路，所以发展一直比较缓慢，应用也只限于新闻、气象等少数领域。

自 20 世纪 60 年代以来，随着经济的发展和科学的进步，许多国家的邮电通信部门相继允许公用通信网开放非话业务，即允许在原本只进行语音通信的公用电话交换网上进行传真等非话业务的通信，使传真通信的发展有了稳固的基础。特别是国际电报电话咨询委员会（CCITT）在 1968 年以后陆续制定和公布了用于传真机生产和开展传真通信的一系列建议，促进了传真机生产和传真通信的标准化，传真通信才得到飞速的发展，成为仅次于电话的通信手段。

到目前为止，实际使用的传真机已经历了两次更新换代。20 世纪 60～70 年代，使用的是第一代和第二代传真机，通常分别称为一类（G1）传真机和二类（G2）传真机。目前广泛使用的则是第三代产品，即三类传真机。由于三类传真机采用了超大规模集成电路、先进的数字信号处理技术和计算机控制技术，使之具有功能齐全、传送速度快、体积小、重量轻、功耗低、可靠性高等优点，所以三类传真机是目前世界各国传真机生产和应用的主要类型。

由于三类传真机一般使用现有的公用电话交换网来传输信号，而公用电话网是模拟信道，所以三类传真机需要调制与解调才能进行传真通信，这就使得三类传真机在进一步提高通信速度和图文质量上受到许多限制。为了使传真通信技术进一步发展，目前许多国家正在研究和实验以综合业务数字网（ISDN）为传输信道的新型传真机，即四类传真机，日本等国已经推出了样机。四类传真机的传送速度更快，图文质量更好，甚至可以传送彩色图文，因此传真通信具有更加诱人的前景。不过，四类传真机赖以完成传输的信道 ISDN 网络目前仍在研制和完善之中，加上四类传真机本身的许多技术问题尚未完全解决，且价格昂贵，所以四类传真机在近期尚难以普及。

2. 传真机的分类

传真机的种类很多，分类方法也不尽相同。若按传送色调分，可分为黑白传真机和彩色传真机；按传真机通信时所占用的电话线路数分，可分为单路传真机和多路传真机；而按用途分，可分为相片传真机、报纸传真机、气象传真机和文件（或图文）传真机。

文件传真机也称图文传真机，它是目前使用范围最广、用量最大的传真机，主要用于传送图片和文件。文件传真机根据传送图文的方法和所采用的技术水平不同，可以分为四类：一类（G1）传真机；二类（G2）传真机；三类（G3）传真机；四类（G4）传真机。这些文件传真机是以 CCITF 的建议 T 系列为依据，按传送一页 ISO（国际标准化组织）标准的 A4（210mm×297mm）幅面相同的样张所用时间来划分的。

一类传真机：按 CCITF 建议 T.2 中的规定，凡采用双边带调制，其发送信号不采取频带压缩措施，占用 1 个话路，在 6min 之内以每毫米 3.85 线的分辨率（又称副扫描密度或垂直扫描密度）传送一页 A4 原稿的传真机为一类传真机；

二类传真机：按 CCITT 建议 T.3 中的规定，凡采用频带压缩技术，占用电话线的 1 个话路，以每毫米 3.85 线的副扫描密度在 3min 以内传送 1 页 A4 原稿的传真机为二类传真机；

三类传真机：按 CCITT 建议 T.4 中的规定，凡是在信号发送调制之前采用了减少图文信号中多余信息的技术措施，以主（水平）扫描分辨率 8d/in，副扫描密度每毫米 3.85 线，传输速率 9600b/s，在 1min 内用 1 个话路传送 1 页 A4 原稿的传真机为三类传真机；

四类传真机：前三类传真机是利用公用交换电话网（PSTN）来进行传真通信的，而四类传真机主要采用公用数据网（PDN）和综合业务数字网（ISDN）来传输信号。由于四类传真机直接采用数据网传输，不需要使用调制解调器，所以数据传输率可以大为提高。根据 CCITT 对四类传真机的建议，在数据网上，以 64000b/s 的传输速率，在 3s 内传送 1 页 A4 原稿的传真机为四类传真机。

为了便于区别，上述四种类型文件传真机的主要特点见表 5.1。

表 5.1 四类文件传真机的主要特点

机类 项目	G1	G2	G3	G4
信号处理	简单整形	2/3 变换	MH、MR 编码	MR·Ⅱ编码
调制方法	FM 双边带①	AM-PM-VSB②	PSK 或 QAM③	/
传输时间	6min	3min	1min	3s
信号特征	模拟	模拟	数字化	数字化
设计标准	T.2 建议	T.3 建议	T.4 建议	T.5 建议
信道要求	PSTN	PSTN	PSTN	PDN、ISDN

注：① FM，表示调频方式。

② AM-PM-VSB，表示调幅调相残留边带调制方式。

③ PSK，表示移相键控调制方式；QAM：表示正交调幅方式。

3. 传真机的原理

传真机的原理如图 5.6 所示。

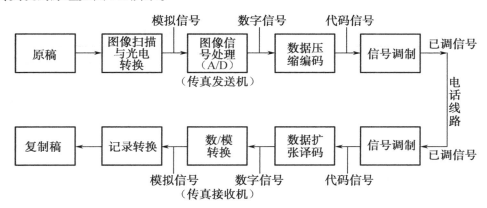

图 5.6 传真机基本通信过程框图

（1）原稿图像扫描。首先将待发送的原稿（如文件、报表、图片等）置于原稿台上，然后启动自动进稿机构，发送机的光学系统（包括光源、透镜和反射镜等）对原稿进行逐行扫描，把原稿上的二维图像信息分解成像素，并按照扫描的先后顺序将这些像素变换成一维的、随时间变化的光信号。

（2）光/电转换。由图像扫描分解出来的带有图像信息的光信号，经光/电转换电路（如CCD 图像传感器）转换成相应的电信号（电信号的强弱与像素的亮度成正比）。

（3）图像信号处理。光/电转换出来的电信号是模拟信号，为了进行后续的数据压缩编码，必须对模拟图像信号进行数字化处理，即模/数（A/D）转换。

（4）数据压缩编码。经数字化的图像信号，其数据量相当大（例如，一张 A4 幅面的原稿采用每毫米 7.7 线的垂直分辨率扫描，数据量约为 4MB，若用传输速率为 9600b/s 的高速MODEM 来传送，大约需要 7min），传送过程需要较长的时间。不进行数据压缩，就无法满足三类传真机在 1min 内传送 1 页 A4 幅面文稿的要求。不过，由于一幅图像内部各像素之间有很强的相关性（如图像中存在大片的黑色和白色），所以图像信息的多余信息很多。在三类传真机中均采用 MH 和 MR 编码来压缩图像数据的比特数，以缩短传送时间，达到提高传输速度的目的。

（5）信号调制。为了使传真发送机的数字代码在公用电话网上传输，需要用调制器将数字信号调制到（模拟）载频上，然后将已调制的信号送上电话线路，传送到接收方。

传真接收机接收文稿的通信过程和对信号的处理大致与发送过程相反。首先用解调器对线路上传送来的已调信号进行解调，从中恢复出发送方的编码压缩信号（也称代码信号）；然后利用译码器对代码信号进行译码，即可得到原图像数据信号；再将这些信号由记录部件（如感热记录头）记录在专用的记录纸上。当接收机收到全部数据并完成记录工作后，即可获得与发送机原稿相同的传真副本。

4. 常见故障的处理

传真机常见故障现象、原因及处理方法见表5.2。

表 5.2　传真机常见故障的原因分析与检修方法

现　　象	产生故障的机理原因	检修方法和排除措施
不工作	1. 插头未插牢	插好插头
	2. 引出端未接好	接好电源输出端
	3. 熔丝熔断	更换熔丝
不能送话与受话	1. 电话线未连上	连接好
	2. 电话线与电源输出端有故障	检查并更换
	3. 电话线线路有问题	等待，若不能解决，通知电话公司
不能接收文件	1. 纸张不平或卡纸	展开纸张
	2. 文件自动馈送系统卡纸	清除卡纸
	3. 纸张过小或过大	照相复制，缩小或放大
原件卡纸	1. 原件纸张未插好	再插 1 次
	2. 文件自动馈送系统内卡入纸片	清除纸片
	3. 文件自动馈送系统内有外来杂物，原件纸过小或过大	清除杂物，进行复制或缩小放大
接收纸卡纸	1. 接收纸没有装好	再插 1 次
	2. 文件自动馈送系统内卡入纸片	清除纸片
	3. 文件自动馈送系统内有外来杂物	清除杂物
	4. 接收纸尺寸不符	正确选用纸张尺寸
不能完成发送及接收功能	1. 电话线噪声干扰	再试 1 次
	2. 电话线已坏	尽力修理，必要时通知电话公司
	3. 控制格式不正确	控制复位
接收公文中的污染问题	1. 电话线噪声干扰	再试 1 次
	2. 电话线已坏	尽力修理，必要时通知电话公司
	3. 发传真文件时，光透过面污染	清洗
	4. 发传真文件时打印过程污染	清洗
传真机不响应控制操作	1. 传真纸未能正确送入	重新将传真纸正确送入
	2. 参数设置不正确	重新设置参数
	3. 开关有污垢或电路有问题	将开关反复接通与断开，检查电路

5.2.6 电话机

电话机是 1876 年美国的贝尔发明的，后来随着电子技术的发展得到了很大的发展。由于其具有双向实时通信的特点，可以说是应用最广泛的通信产品。

1. 通信与电话机的分类

图 5.7 所示是电话通信按所用交换机的制式进行分类的情况。

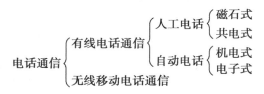

图 5.7　电话通信分类

人工电话设备简单，但劳动效率低、接续速度慢，且服务种类和容量发展都很有限，现在基本上已由自动电话和程控交换机取而代之。自动电话的制式很多，按交换机的接线器件可分为机电式与电子式两类。程控交换机是随着电子技术的发展与计算机在电信领域里的应用而出现的一种新的交换方式，其适应性强、灵活性大，便于增加新的电话服务项目，如缩位拨号、自动回叫、三方通话，转移呼叫、叫醒服务、电话留言等。

2. 电话机的分类

电话机按接续方式可分为人工电话机和自动电话机两大类型。人工电话机包括磁石式电话机和共电式电话机；自动电话机包括机械拨号电话机和电子拨号电话机。自动电话机按拨号制式又可分为直流脉冲电话机、双音频电话机和脉冲、音频兼容电话机。

电话机按使用场合，可分为桌式、墙式、桌墙两用和袖珍式四种。电话机还可按其功能划分为普通电话机以及免提、扬声、录音、无绳、投币、磁卡电子锁、书写、液晶显示屏和可视电话等多种特种电话机。

3. 常用电话机

（1）拨盘式电话机。拨盘式电话机是自动电话机，属于电话机的第二代产品。它由通话、信号发送、信号接收三部分组成，通话与信号接收功能与共电式电话机相同，而信号发送部分则由机械式旋转拨号盘来实现。电话主叫用户利用拨号盘将被叫用户的电话号码告诉交换机，其控制机理为：拨号盘上有一对与电话机供电回路串接的脉冲接点，当拨盘被拨动后自动回转时，脉冲接点以通断状态形成电流脉冲，从而每拨一次号盘即形成一个脉冲串，每个脉冲串内的脉冲个数就是对应的拨号数字，脉冲串的个数代表所拨电话号码的位数。交换机据此自动地完成接续动作，接通相应的被叫用户。拨盘式电话机由于拨号效率低且脉冲号数易变化、脉冲接点易损坏，需要经常维护调整，因此已逐渐被按键式电话机所代替。

（2）按键式电话机。按键式电话机是全电子自动电话机，属于第三代产品。其三个基本组成部分（通话、信号发送、信号接收）均由高性能的电子器件和部件组成。通话部分采用频响特性好、寿命长的声电、电声转换器件作为送话器和受话器，并配以由专用集成电路构成的送话、受话放大器来完成通话功能；信号发送部分由按键号盘、发号集成电路等组成；信号接收部分由振铃集成电路和压电陶瓷振铃器（或扬声器）组成。按键式电话机除了发号脉冲参数稳定、发号操作简单、通话失真小、振铃声音好等优点外，还可根据交换机的功能，完成缩位拨号功能、三方通话功能、挂机持线功能、首位锁号功能等操作。此外，电话机本身还有号码重发功能、受话增音和发送闭音功能。

（3）免提发号与免提扬声电话机。普通电话机在通话时用户必须停下手中的工作，腾出手来拿起手柄才能进行发话或受话，为此人们希望能有一种不用拿起手柄即可进行通话的电话机，这就是免提电话机。免提电话机是普通按键式电话机的改进型，分为半免和全免提两种类型。免提发号电话机在发号时用户可不拿起手柄，只需按下免提开关即可完成全部发号过程；免提扬声电话机无论发话还是受话均无须拿起手柄，因为在电话机的送话和受话电路中分别加有送话和受话放大器。为了解决受话音量和送话振鸣之间的矛盾，新式的免提电话机采取了半双工工作方式，即电话机处于受话状态时，受话放大器的增益高而送话放大器的增益低；当电话机处于送话状态时，送话放大器的增益高而受话放大器的增益低。免提电话机一般均带有手柄，必要时也可利用手柄进行通话。

（4）投币式与磁卡式电话机。投币式电话机与磁卡式电话机都是专门用于公共场所的计时收费电话机。投币式电话机是自动收费公用电话机的早期产品，一般只能拨叫市内电话，其控制功能包括对投入硬币的控制和判别、电路的通断控制、通话时间限制、告警与显示、收取和退找硬币等，有的还可显示收取的硬币面值和通话计费情况，甚至可以对不同的电话业务按不同的费率计费。

磁卡式电话机是自动收费公用电话的换代产品。不仅可以拨叫市内电话，而且可以拨叫长途电话。磁卡式电话机与投币式电话机的重要区别在于不能直接使用硬币，而必须预先购买好电话磁卡，用户通话时先将磁卡插入电话机上的磁卡入口，经电话机判别真伪和是否有效后才能开启电话功能，并显示磁卡金额、拨叫号码、通话时间、通话费率和通话计费情况等。通话完毕挂机后，载有剩余信息的磁卡会自动退出，以备用户下次通话时使用。

新近发展的 IC 电话机已逐渐代替磁卡式电话机。

（5）留言电话机。留言电话机包括三种类型：自动应答电话机、自动录音电话机和自动应答录音电话机。自动应答电话机是在普通电话机上装一个自动应答器，利用磁带或集成电路存储器，将主人需要通知对方的话预先记录下来，当对方电话打来时，振铃数次后可自动应答，把主人留言送给对方。自动录音电话机是电话机与录音机的组合，当对方来话而主人不在家时，录音机可自动开启将对方给主人的留言记录下来，主人回家后通过放音听取对方的留言。自动应答录音电话机是自动应答器、自动录音机和电话机相结合的产物。当有电话呼叫主人而主人又不在场时，电话机可利用自动应答器将事先记录在磁带或随机存储器中的留言告诉对方，然后启动模拟或数字录音装置将对方的留言记录下来。录音结束有两种方式，一是定时结束录音，一是自动识别对方留言结束后停录并自动挂机。主人回来后可利用放音键收听对方留言。早期的留言电话机采用模拟录放方式，即利用盒式磁带作为对方留言的记录媒体。现代的留言电话机均采用数字录放方式，即利用随机存储器作为双方留言的记录媒体。录音时，利用模数转换器将话音信号转换成数字信息以写入随机存储器；放音时，将数字信息从随机存储器读出并经数模转换器转换成话音信号。

（6）无绳电话机。无绳电话机由主机（座机）和副机（手机）组成，主机和电话交换机之间采用有线通信方式相连，副机和主机之间采用无线通信方式相通。由于手机与座机之间没有一般电话机的四线绳，因此手机可以拿到远离座机的地方。无绳电话机的手机内装有送话器、受话器、按键盘、蜂鸣器，用户利用这些功能部件可以像使用普通电话机一样呼叫电话网中的任一用户，也可以随时接收通过座机传送过来的其他用户的呼叫信号并与之通话。

功能较强的无绳电话机除具有无绳手机外，在座机上还配有一套通话装置（拨号盘、有绳手柄或免提通话装置），当手机拿走以后，座机本身可以像普通电话机一样使用。无绳电话机的座机和手机之间也可以进行内部通信联络，随时可以利用座机呼叫手机持有人并与之建立通话联系。有的无绳电话机采用了密码呼叫方式，即手机和座机相互接收到约定的密码后才能相互启动，减少了相距较近的无绳电话机之间发生错呼的机会。

（7）书写电话机。普通电话机只能传送语言信息而无法传送那些难以用语言表达的内容，如设计图纸和亲笔签名等。书写电话机是书写机和电话机相结合的产物，这是一种既能用于通话又能传送书写信号的新型通信工具，既可在市内电话网上使用，也可以在长途电话网上工作。

书写电话机的通话原理与普通电话机完全一样，而其书写功能则是基于遥控随动技术，书写机上装有一副特制的发信笔和收信笔，当发信方的发信笔在纸上写字或画图时，笔尖带动水平方向和垂直方向的编码器输出代表两方向位移的编码信号，该电信号经电话网传送到对方的书写机，驱动收信方的收信笔与发信方的发信笔同步位移，在纸上如实地复制出发信方书写的文字和图形。

书写电话机的使用方法与普通电话机相仿。用户拨通电话之后，可以一边讲话一边用发信笔书写，对方可以一边听取语言陈述，一边阅读收信笔复制出来的书写内容。通话过程中，对于那些难以用语言加以辅助说明，有不清楚或不懂的问题可以即时在电话上询问和答复，有些重要的委托可借助书写电话机得到一份书面凭证。当然，用户使用书写电话机时可以边通话边书写，也可以像普通电话机一样只通话不书写，还可以当收方无人时启动收方的书写机自动录下书面留言。

对于传送那些指挥调度命令和便条这类信息量不大的内容，书写电话机无疑是一种很有效的通信工具。

（8）电视电话机。电视电话机是由电话机、电视机、摄像机和控制器四部分组成，电话机用于语言传输；摄像机和电视机（监视器）用于图像的摄取和显示，控制器用于电视电话机的操作控制。电视电话系统的传输线路可以是微波接力线路，也可以是卫星通信线路、光纤通信线路等宽频带线路，当传输距离较近时也可利用普通的市内电话线路传输（需采用数据压缩技术）。

4. 无线移动电话机（手机）

无线移动电话机以其便捷的通信方式、多样化的功能，正在被越来越多的人们使用，已经成为通信领域中的一个重要组成部分。

新的移动通信方式已经"从耳朵走向眼睛"。目前，用手机浏览网页以及玩游戏已经是非常普遍的。因此彩色显示功能是必不可少的。在此基础上的可视手机、电视手机将很快发展。同时具有 GPS（全球卫星定位系统）功能的手机也是当前开发的热点。

5.2.7 投影机

信息技术应用的普及和提高，带动了计算机及其相关产品的快速发展。作为计算机标准输出设备的多媒体投影机，可同步显示与计算机显示器相同的图形、图像信号，并且能够接入录像机、VCD 机、DVD 机及实物展台等输出的视频信号、声音信号，是集视频、计算机输出信号相互转换为一体的大屏幕输出设备。

1. 投影机的种类

当前市场上的投影机种类繁多，特性各异。不同类型的投影机具有不同的特点，即使同一个厂商生产的同类的投影机，也会因技术组合的差异、材料的差异、加工精度、调试的差异等诸多因素而造成特性不同。

（1）从结构上划分，投影机分为便携式、台式和立式三种。

（2）从色彩上看，投影机有黑白与彩色之分。黑白投影机出现在投影机发展过程中较早时期，现在使用的主要是彩色投影机。

（3）按照安装方式划分，投影机可分为整体式和分离式，其中整体式包括折射背投和折射前投，分离式包括正面投影和背面投影。

（4）按照工作原理划分，投影机有 CRT（阴极射线管）、LCDC（液晶）和 DLP（光阀）投影机之分。

（5）按照技术性能划分，投影机可分为视频投影机与多用途投影机，两者都能输入视频信号，对后者与前者的判别主要在于后者能输入计算机信号。

（6）根据亮度划分，有 700lm 以下，700～1000lm，1000lm 以上。

（7）投影机的分辨率主要有 640×480、800×600、1024×768 等几种，目前已有了 2500×2000 甚至更高分辨率的投影机。

2. 投影机的基本工作原理

目前市面上的投影机有 CRT 式的投影机、LCD 式的投影机和 DLP 式的投影机。

（1）CRT式的投影机。CRT式的投影机是属于比较早期就开发出来的产品，使用3支红、绿、蓝的高亮度CRT作为影像的来源。其缺点是：系统体积庞大、重量重，且使用3个投影镜头，会聚调整十分困难，需要专门的技术人力花费许多的时间方能安装完成。

（2）LCD式的投影机。LCD投影机正是可以避免CRT投影机缺点的后起之秀。因为LCD本身不发光，因此LCD投影机是使用光源来照明LCD上的影像，再使用投影镜头将影像投影出去的。

按照LCD投影机的主要结构划分，LCD投影机可分为使用单片彩色LCD的单片式投影机和使用三片单色LCD的三片式投影机。

单片式投影机具有组装简单的优点，但是因为是使用单片彩色的LCD，所以红色的点是仅穿透红光而吸收绿光及蓝光，绿点和蓝点同样也仅通过1/3的光，所以有透光效率不佳的缺点。同时，因为一个全彩的点需由红、绿、蓝3个基本色点所组成，所以造成画面解析度的降低。此外，因为是使用吸收性的滤光材料，三原色的光谱特性已由所使用的滤光材料决定，完全没有调整的自由度，因此，单片式投影机的色彩较为呆板、不自然，且缺少层次。

三片式LCD投影机可以避免单片式LCD投影机的缺点。三片式LCD投影机是使用双色镜（Dichotic Mirror）来做分光工作的。以红色的双色镜为例，它反射红光以供红色影像的LCD使用，剩下的绿光和蓝光继续穿透前进而不是被吸收。利用光学系统设计，在三片式的LCD投影机中，所有的红、绿、蓝的光都分别全部到达相应的LCD上，并没有被吸收，再利用同样的原理把三原色的影像重合起来经由投影镜头投射出去。由此可以很明显地看出，光的使用效率比单片式投影机来得好，也就是可以表现更亮的画面。同时，因为是使用双色镜来做三原色影像重合工作的，因此画面上每一个点都是全彩的点，不需要用3个点的位置才能组成1个全彩的点，所以画面的解析度就提高了，也就是有了更好的画质。因为三原色是使用镀膜元件来产生的，其光谱分布可以很容易地就实际需要来设计，这样使得三片式的LCD投影机的色彩饱和度更高、层次感好、色彩自然。

（3）DLP（Digital Light Processing）投影机。DLP投影机只有1个DMD成像部件，DMD上也有与屏幕图像像素点一一对应的反射微镜，来自光源的光经分色轮分色后，分时到达DMD，根据像素点的颜色控制DMD上微镜的旋转，三色光分时到达屏幕，生成图像，三色光使用同一个微镜，因此不存在三色会聚问题。

LCD与DLP差别在哪儿呢？从理论上讲，LCD投影机最大的好处是红、绿、蓝三原色是由3片分离的液晶板完成的，可以对每一种颜色的亮度和对比度进行单独控制，并且三色光几乎可以同时到达屏幕，因此可以真实重现各种颜色。而单片DLP投影机色彩分离是由1个分色轮实现的，三色光使用同一微镜调制反射，因此三色光分时到达屏幕，由于受分色轮转速和微镜偏转速度的限制，色彩重现方面较LCD投影机有一定差距。尤其是在显示动态视频图像时，由于图像刷新速度比较快，每一种颜色的调制速度要求也比较高，在这方面LCD技术会比DLP技术更加具有优势。而大多数的DLP投影机使用单片结构，光学结构简单，所以可以实现更小的体积和更轻的重量。由于采用反射式原理，DLP投影机可以实现更高黑白对比度。LCD 由三色光会聚成一个像素点，而单片 DLP 投影机三色光都是由同一个微镜反射到同一像素点，因此不存在会聚问题，所以，像素点边缘不会出现 LCD 中的一些毛边和阴影，因此在展示一些细的线条和小字号文本时，DLP 投影机会比 LCD 投影机更加清晰，黑色和白色更纯正，灰度层次更加丰富。另外，因为 LCD 投影机的液晶板每一个像素点上都要有一个被称做光开关的晶体管，晶体管部分不能透过光，并且由于此晶体管的存在，像素点之间要有一定的间隙。而 DLP 投影机由于控制晶体管在微镜的背面，不会对光形成阻隔，微镜之间的间隙也可以做得非常小。因此，LCD 投影机投射图像中像素点的间隙要比 DLP 投影机大，尤其是低分辨率产品。

3. 投影机的使用注意事项

投影机是一种精密电子产品，它集机械、液晶或 DMD、电子电路技术于一体。因此使用设备要注意以下几个方面：

（1）输入刷新频率不能过高。投影机根据所显示信号源的性质，可分为普通视频机、数字机、图形机三类。尽管输入信号源的刷新频率越高，越有利于用户的眼睛健康，但是在使用投影机时，计算机的显示器刷新频率却不能够太高，否则会造成信号不同步而无法显示。笔者有一次将显示器的刷新频率调至 85Hz，接至投影机，在 DOS 下能够正常显示，仅进入 Windows 后屏幕上就没有任何显示，仅能够听到 Windows 的启动音乐和硬盘的响声。重新开机，故障依旧。后拔去投影机上的 RGB 信号线，接上显示器，更改显示器的刷新频率至 75Hz，再接至投影机，一切正常。同时，长期将显示器的刷新频率调至较高刷新频率会让显示器超负荷工作，有可能会损坏显示器。

（2）巧用音量输入输出。我们在平时制作课件时，都会用到一些声音文件，而这些声音文件有的音量比较高，有的音量比较低，这样为了达到平衡，在使用课件的过程中就必须反复调节音箱的音量开关，非常不方便。其实，在投影机上都带有音量的输入输出功能，再加上遥控器就可以很方便地控制课件中的音量。具体方法如下：

① 将计算机的显卡与投影机的 RGB 输入相连。

② 用双头线将计算机的 Speaker 口（或 Line Out）接至投影机的 Audio In，再将音箱上的声音输入接至投影机的 Audio Out。

③ 打开机器，通过遥控器的音量控制按钮就可以很方便地控制音量了。

（3）不要频繁开关机。目前，大部分投影机使用金属卤素灯（Metal Halide），在点亮状态时，灯泡两端电压为 60～80V 左右，灯泡内气体压力大于（9.8×10^5）N/m²，温度则有上千摄氏度，灯丝处于半熔状态。因此，在开机状态下严禁震动，搬移投影机。要防止灯泡炸裂，停止使用后不能马上断开电源，要让机器散热完成后自动停机，在机器散热状态断电所造成的损坏是投影机最常见的返修原因之一。另外，减少开关机次数对灯泡寿命有益。

（4）严禁带电插拔电缆。这是由于当投影机与信号源（如计算机）连接的是不同电源时，两零线之间可能存在较高的电位差。当用户带电插拔信号线或其他电路时，会在插头插座之间发生打火现象，损坏信号输入电路，由此造成严重后果。

（5）电源同时接地。投影机在使用时，有些用户要求信号源和投影机之间有较大距离，如吊装的投影机一般都距信号源 15m 以上，这时相应信号电缆必须延长。由此会造成输入投影机的信号发生衰减，投影出的画面会发生模糊拖尾甚至抖动的现象。（如笔者有一次发现投影机显示上下有水纹，重新开机，初始化投影机，现象依旧。后将输入信号电源与投影机的电源接在同一根地线上，果然不再显示上下有水纹了。）这不是投影机发生故障，也不会损坏机器。解决这个问题的最好办法是在信号源后加装一个信号放大器，可以保证信号传输 20m 以上不会出现问题。

（6）设置好分辨率、颜色参数。分辨率的提高不仅意味着显示更精细的画面，还可以显示更多的数据。尽管投影机的分辨率呈逐步上升趋势， XGA 替代 SVGA 将成为主流。但选择多大分辨率的投影机取决于与它相配合的外围设备，例如目前大多数的笔记本电脑都是 1024×768，一般计算机为 800×600，投影机物理上的分辨率最好同它保持一致。如果外设的分辨率不可确定，就应选择自动插值功能较强的投影机，以适应各种不同的外围设备。目前的投影机大都具有这种功能，如 View Sonic，ASK，Infects，Canon，Epson 等品牌。如果由于动态更改了屏幕的分辨率而造成图像上下错位，请重新启动计算机。

 ## 习题 5

1. 现代办公设备主要分哪几类？
2. 简述计算机在现代办公中的作用。
3. 试述不同打印模式的特点。
4. 扫描仪的主要用途有哪些？
5. 简述传真机的主要用途。
6. 简述传真机发送文稿的通信过程。
7. 简述无绳电话机的特点。
8. 简述投影机的种类和各自特点。

第 6 章

典型办公自动化产品

6.1 微型计算机

6.1.1 微型计算机的硬件组成

一台微型计算机主要由主机和外部设备两大部分组成。主机部分主要有主板、CPU、内存、外部存储器（光盘、硬盘或软盘驱动器）、显示适配卡和电源等，外部设备主要有键盘、鼠标、显示器、打印机、网络适配器等。

1. 主机部分

（1）主板。主板是主机内最大的一块印制电路板，有时也叫母板，它是微型计算机系统中最重要的部件。主板上面有许多大规模集成电路（LSI）、超大规模集成电路（VLSI）器件和电子线路，其中包括微处理器（CPU）、内存储器（内存条）、各种输入输出接口电路（并行口、串行口、键盘接口、驱动器接口等）以及总线扩展槽等。目前许多系统主板还具有电源管理功能，自动节能、无操作时降耗等。

（2）CPU（Central Processing Unit），即中央处理单元。CPU 是微机的心脏，主要功能是执行程序指令，以完成各种运算和控制功能。不同类型的 CPU 需要相关的芯片组配合，因此主板也因 CPU 的不同需求有不同的电路设计，以匹配所采用的芯片组。

（3）内存。内存是微型计算机的重要组成之一，它的作用是用来存放当前运行的程序和当前使用的数据，内存的大小直接影响程序的运行速度。

内存分为只读内存（ROM）和随机存储器（RAM）。

（4）外部存储器。常用外部存储器有硬盘、软盘和光盘驱动器等。

① 硬盘和硬盘驱动器。硬盘驱动器是现在计算机不可缺少的一部分。一般所有的操作系统都安装在硬盘上。它具有性能稳定、存取速度快、兼容性强等优点。硬盘可分为内置和外置两种。存储容量从几百兆字节到几百吉字节。

② 软盘和软盘驱动器。软盘驱动器是微机系统中的一个重要组成部分，许多软件都来自

于软盘并可以从软盘复制安装到硬盘。目前大部分微机都只装一个 3.5in 软盘驱动器。一般地，软盘的旋转速度为 360r/min，因此，读写软盘的速度比读写硬盘要慢得多。现在通用的软盘容量是 1.44MB。

③ 光盘驱动器。只读光盘 CD-ROM（Compact Disk-Read Only Memory），一般地，一张 CD-ROM 光盘的容量为 650MB 或 680MB。其中可存放各种文字、声音、图形、图像和动画等多媒体数字信息。由于它具有体积小、容量大、易于长期存放等优点，已广泛被使用。目前，在微型计算机中，CD-ROM 驱动器已成为基本配置。

只读光盘 CD-DVD(Compact Disk-Digital Video Disk)，即数字视频光盘或数字影盘；DVD 光盘与 CD 光盘直径均为 120mm，单面单层 DVD 记录层具有 4.7GB 容量，双面双层光盘的容量高达 17GB。CD-DVD 正逐渐变成了微型计算机的主流配置。

（5）机箱和电源。机箱实际上就是计算机的外壳，一般分为立式和卧式两种。立式机箱通风散热较好，占用面积少，便于放置，且立式机箱与显示器分开放置，避免了由于显示器压在机箱上引起机箱变形而引发的机器故障。卧式机箱便于安装，易于实现小型化或薄型机箱，但由于大多数卧式机箱机器的显示器是放在机箱上的，易引起机箱变形而引发机器故障，所以建议用户最好是将显示器和机箱分开放置。不论哪种机箱，一般都包括外壳、用于固定驱动器的支架、开关、指示灯、显示数码管和安装主板用的紧固件等。配套的机箱内还有配套的电源（位于机箱尾部一个发亮的金属盒中）。

2. 外设部分

（1）键盘。键盘从内部结构可以分为"机械式键盘"和"电容式键盘"两种。

机械式键盘具有击键响声大、手感差、磨损快、故障率较高等缺点，不过它的维修却比较容易。

电容式键盘是目前被广泛应用的键盘类型。电容式键盘按键开关采用密闭式封装，击键声音小，手感较好，并且寿命也较长，工作过程中不会出现接触不良等问题，而且灵敏度高，稳定性强，但维修相对机械键盘要稍微困难一些。

键盘的接口有 AT、PS/2 和 USB 三种。PS/2 和 USB 接口如图 6.1 所示。

图 6.1 PS/2 和 USB 接口

（2）鼠标。鼠标的英文原名是"Mouse"，1968年12月9日，全世界第一个鼠标诞生于美国加州斯坦福大学，它的发明者是 Douglas Englebart 博士。Englebart 博士设计鼠标的初衷就是为了使计算机的操作更加简便，来代替键盘那烦琐的指令。

最早应用于普通计算机的鼠标采用的是串行接口（COM）设计（梯形9针接口），随着计算机串口设备的逐渐增多，串口鼠标逐渐被采用新技术的 PS/2 接口鼠标所取代；但是科技的发展是没有止境的，即插即用理论的推出，使得采用 USB 接口的鼠标成为将来鼠标发展的必然趋势。而对于一些有专业要求的用户而言，选用一种采用红外线信号来与计算机传递信息的无线鼠标也成为一种专业时尚。

鼠标有标准的双键鼠标和三键鼠标。随着网络技术以一种难以预料的速度在全世界范围扩散的时候，人们再度发现，原来在鼠标上加上一个小小的轮轴是那么便于浏览网页，这样，新一代的滚轮鼠标出现了，现在市场上的鼠标大多数以三键滚轮鼠标为主。鼠标有机械鼠标和光电鼠标。

几种输入设备的情况对比见表6.1。

表6.1 几种输入设备的情况对比

输入设备 \ 性能	键 盘	鼠 标	手 写 输 入	语 音 输 入
易用性	容易、快捷，但需要学习和熟练过程	操作容易	较容易，不必进行学习	较容易，可解放双手
输入速度	快，但需要学习和熟练	快，文字录入困难	输入中文较快	输入中文快
正确率	高	高	较高	较高
接口	AT、PS/2、USB	COM、PS/2、USB	COM、USB	声卡中 MIC
CPU 占用率	极低	极低	较高	高
软硬件要求	极低	极低	硬件要求较高，软件配合使用	硬件要求高，软件配合使用
选用要求	必备	必备	可选，低	可选，低
发展方向	多功能，符合人体工学	光电，多功能，符合人体工学	提高识别率、易用性	提高语音的识别率

（3）显示器。显示器是将计算机的信息传送给用户的重要窗口。计算机的各种状态，都要随时显示在显示器上。显示器与鼠标、键盘一起成为人机对话的主要界面。

显示器由监视器和显示适配器（简称显示卡，一般装在主机内）组成。

显示器的类型有单色、彩色之分；有低分辨率、高分辨率之分；还有数字式、模拟式之分。

显示器按大小分有14in，15in，17in，19in，21in等几个级别的显示器。如今显示器已经从14in，15in过渡到17in，目前使用的彩色显示器的主流是17in。按显像管的规格分又有平面直角显示器、超平显示器、纯平显示器。随着技术的进步，价格的降低，17in纯平面显示器已经是人们的首选。17in 纯平显示器与低价 15in 液晶显示器的性能差异见表 6.2。

液晶显示器是以液晶屏作为显示屏幕的。液晶显示器以其体积小、厚度薄、重量轻、耗能少、无电磁辐射、画面无闪烁、避免几何失真、抗干扰等诸多优点被业界和用户一致看好。但其价格一直居高不下，随着关键技术的突破、成本的大幅削减，它的价格也将变得平易近人。15in 的液晶显示器已经成为市场上的主流产品。

表 6.2 17in 纯平显示器与低价 15in 液晶显示器的性能差异表

显示器类型 / 性能	17in 纯平显示器	低价 15in 液晶显示器
可视角度	具有很好的可视角度，画面的色彩不会随着角度的不同发生变化	可视角度在 110°～160° 之间，低价液晶显示器的可视角度大都在 110°～140° 之间，显示的画面颜色随着角度不同会发生一定的变化
分辨率	没有固定的分辨率，只要在显示器的规格以内，都可以显示出来，一般情况下为 1024×768	液晶显示器通常有一个最佳分辨率，其他分辨率下的图像只能通过拉伸和压缩获得满屏的图像显示，只有在最佳分辨率下才能获得最佳的显示效果，工作在非最佳分辨率下往往会出现画面的扭曲变形
可显示的色彩数	没有限制，取决于系统设定和显示卡	目前只能显示出 16.7MB 的色彩数
响应时间	1～2ms，几乎可以忽略不计	25～60ms 甚至更高，低价液晶显示器大都在 40～60ms

常用的彩色显示适配器（显示卡）从总线上来看，主要有三种：16 位 ISA 插槽（早期产品，已经淘汰，市场基本很少见），PCI 卡（产品已经是过时产品），AGP 卡（主流产品）。

AGP 彩显卡的特点是：使用主板上的 AGP 插槽，显示内存在 2～64MB 或更大。显示颜色为 256 色，16 位、24 位或 32 位真彩色，分辨率为 1600×1200 或更高。

6.1.2 微型计算机系统的设置

微型计算机系统的设置对系统的正常工作和性能发挥是至关重要的。如果系统的设置不当，就会导致系统工作不正常，甚至不能正常启动，还会使系统性能不能得到充分的发挥，形成"高性能，低使用"，造成机器资源的极大浪费。而微型计算机系统的测试让用户日常的系统维护变得直观形象，使用户在系统维修维护时，更加方便，少走弯路。另外，由于 Windows 操作平台的流行，掌握一定的 Windows 操作方法对用户来说也是十分必要的。

286 以上档次的微机主板上都配有一个 CMOS 电路，用于保存系统的硬件配置参数和系统实时时钟信息，如日期、时钟、内存容量、软硬盘驱动器的类型和显示设备类型等。该电路在主机工作时由主机电源供电，当系统断电后由主板上的后备电池供电，以保证 CMOS 中的信息不至于丢失。目前 CMOS 的容量已扩大到几万字节，其内容也越来越多，功能也越来越强，它对系统的影响也变得日益重要。因此，充分了解和掌握 CMOS 的设置，对用户进行系统维护和保障微机正常运行是有益的。CMOS 设置（CMOS SETUP）的主要功能是改变或设定 CMOS 的内容。CMOS SETUP 程序是 BIOS（基本输入输出系统）的一部分，不同的BIOS，其 CMOS SETUP 程序的操作和可调整项目也不同。BIOS 在 POST（加电自检）过程中会侦测用户是否要求进入 CMOS SETUP 程序。不同厂商提供的 BIOS 所要求的按键也不一样。一般的是用"DEL"键进入。

下面以常见的 AWARD BIOS CMOS SETUP 程序来说明 CMOS 设置的主要内容。

1. CMOS SETUP 的主菜单

AWARED BIOS 设置程序主菜单提供了 10 类功能设置和两种退出方式，分别为：

STANDARD CMOS SETUP   标准 CMOS 设置；

BIOS FEAT URES SETUP   BIOS 特性设置；

CHIPSETS FEATURE SETUP   芯片组特性设置；

POWER MANAGEMENT SETUP   电源管理设置；

PNP AND PCI SETUP   即插即用和 PCI 设置；

LOAD BIOS DEFAULTS   装载 BIOS 默认值；

LOAD SETUP DEFAULTS   装载设置默认值；

SUPERVISOR PASSWORD   管理员口令设置；

USER PASSWORD   用户口令设置；

IDE HDD AUTO DETECTION   IDE 硬盘自动检测；

SAVE AND EXIT SETUP   保存设置值后退出设置程序；

EXIT WITHOUT SAVING   不保存设置值退出设置程序。

2. STANDARD CMOS SETUP（标准 CMOS 设置）

CMOS 设置中标准 CMOS 设置是最主要的设置，下面叙述该菜单项设置方法，其他菜单项设置请参考有关书籍。

该菜单项用于设置基本的 CMOS 参数：日期、时间、硬盘参数、软盘参数、显示器类型、出错停机选择等。

（1）Date。本项以"月—日—年"格式设置当前日期。设置范围为：月（1～12）、日（1～31）、年（～2097）。设置键是（Page Up）/（Page Down）或者<+>/<->。

（2）Time。本项以"时—分—秒"格式设置当前时间。设置范围为：时（00～23）、分（00～59）、秒（00～59）。设置键是（Page Up）/（Page Down）或者<+>/<->。

（3）Hard Disk。本项用于设置 Primary Master（IDE1 口主设备）、Primary Slave（IDEl 口从设备）、Secondary Master（IDE2 口主设备）、Secondary Slave（IDE2 口从设备）的各种参数。各种参数的意义如下。

TYPE：用来说明设备的类型，有以下几种选择值。

AUTO 在系统中存储了 1～45 种硬盘参数，使用本设定值时，将由系统自动检测 IDE 设备的类型而给定参数，用户不必再设定其他参数了。

USER 如果使用的硬盘是预定的 45 类以外的硬盘，即可选择本项，然后由用户自己按照硬盘的实际参数进行设置。

None 如果没有安装 IDE 设备，应该选择本项，当安装 SCSI 或者 CD-ROM 设备时也应该选择本项。

SIZE：表示硬盘容量，本参数不必设置而由系统自动计算给出。

CYLS：硬盘柱面数。应该说明的是，在 LAB 和 LARGE 模式下，可能与实际的磁盘柱面数不同，这是因为对于大容量硬盘要进行参数换算的缘故。

HEAD：硬盘磁头数。

PRECOMP：写预补偿值。磁盘片在写入信息后被磁化成一个个相邻的小的磁化单元。根据同性相斥，异性相吸的原理，无论是相斥还是相吸，都会使磁化单元偏离原来写入时的位置，因此在记录密度很高的情况下，相邻磁化单元之间有可能互相干扰，如连续写入"0"和"1"时有可能产生重叠，以致读出时，数据无法分离或丢失数据。而盘片的内圈比外圈的位密度高，这种情况更容易发生。所谓写预补偿，是指在写入前，偏离正常的位置（前移或后移），使得写入的磁化区域完成相斥或相吸后的实际位置正好是正确的读出位置。预补偿值由用户指定（可参照 45 种类型中的值进行设置）。

LANDZ：着陆区即磁头起停扇区。目前采用的磁盘都是温氏硬盘，其主要的两个特点为：一是采用了全封闭方式，即把盘片和磁头以及定位机构都密封在舱内；二是采用了接触式起停，即系统不工作时，磁头停留在"起停区"（盘片的最内圈）上，而在工作时，由于盘的高速旋转，使磁头悬浮在盘片表面上。因此，磁头在读写盘片上的"数据区"时与盘片表面是不接触的，保证了磁盘的使用寿命。

MODE：硬盘工作模式。IDEI 支持三种硬盘工作模式：NORMAL，LBA 和 LARGE 模式。因此本项有以下四种设定值：

NORMAL（普通模式）这是原有的 IDE 方式。在此方式下对硬盘访问时，BIOS 和 IDE 控制器对参数不作任何转换。在此方式下，支持的最大柱面数为 1024，最大磁头数为 16，最大扇区数为 63，每个扇区字节数为 512。因此支持的最大硬盘容量为 $512 \times 63 \times 16 \times 1024 = 528$MB。即使硬盘的实际物理容量更大，但可访问的最大容量也只是 528MB。

LBA（Logical Block Addressing）（逻辑块地址模式）这种模式所管理的硬盘空间可高达 8.4GB。在 LBA 模式下，设置的柱面数、磁头、扇区等参数并不是硬盘的实际物理参数。在访问硬盘时，由 IDE 控制器把柱面、磁头、扇区等参数确定的逻辑地址转换为实际硬盘的物理地址。在 LBA 模式下，可设置的最大磁头数为 255，其余参数和普通模式相同，由此得出访问的最大容量为 $512 \times 63 \times 255 \times 1024 = 8.4$GB。

LARGE（大硬盘模式）当硬盘的柱面数超过 1024 而又不为 LBA 支持时，可采用这种模式。LARGE 模式采取的方法是把柱面数除以 2，把磁头数乘以 2，其结果是总容量不变。在这种模式下，所支持的硬盘最大容量为 10GB。

AUTO（自动模式）系统自动选择硬盘的工作模式。

（4）Drive A/B。本项用来设置软盘驱动器的容量和外形尺寸。选择本项后，系统将给出各类软盘驱动器的参数供你选择，目前一般 Drive A 设置为 3.5in，1.44 MB，如果没有第二个软盘驱动器则将 Drive B 设置为 None。

（5）Video（显示器类型）。本项用来设置显示子系统的类型。可以设置的值是 EGA/VGA，MONO，CGA40，CGA80。对于 VGA 以上档次的显示系统应选择 EGA/VGA。

（6）Halt On（停机条件）。本项用来设置开机自检出错的停机条件。有以下五种设定值：

All Error 当 BIOS 检测到任何一个错误时，系统将停机。

NO Error 当 BIOS 检测到任何非严重错误时，系统不停。

All，But Keyboard 除了键盘错误以外，系统检测出任何错误时系统将停机。

All，But Diskette 除了软盘驱动器的错误以外，系统检测出任何错误时系统将停机。

All，But Disk/Key 除了磁盘驱动器和键盘的错误以外，系统检测出任何错误时系统将停机。

3. CMOS 参数的维护

CMOS 中保存的信息是开机时所必需的，这些信息决定机器的各种配置。若被他人修改或信息丢失，都有可能造成整个系统崩溃，因此，有必要在机器系统正常工作时保存 CMOS 信息，以便必要时恢复。

保存 CMOS 信息的方法主要有下面两种。

（1）制作备份。用户自己将 CMOS 信息作一个备份，也就是说，用户自己将一些重要的参数（如硬盘参数等）作一个记录，一旦系统出现问题，便于恢复。这种方法最简单有效，也便于操作。

（2）利用软件保存。利用一些工具软件（如 NORTON 中的 Disk tool 程序）来保存 CMOS 信息，必要时再用相应的工具软件进行恢复。如运行 Disk Tool 程序后，选择其中的 Create Rescue Diskette 项，将当前系统的分区信息、引导记录和 CMOS 信息保存在软盘上；需要恢复时，再运行 Disk Tool 程序，选择其中的 Restore Rescue Diskette 项，将保存的分区信息、引导记录和 CMOS 信息进行恢复。

另外，用户还应时常注意机器系统时钟的变化。如果发现系统时钟在关机一段时间后变慢了，就应该考虑是否是 CMOS 的供电电池漏电或漏液，应及时更换电池，以保证 CMOS 信息不丢失。

6.1.3 微型计算机系统日常维护

1. 主机的日常维护

主机是微型计算机系统的关键部分，任何一个部件的故障，都将造成计算机的运行不正常，进而影响正常工作，有时还会造成数据的丢失。对于主机，如果不是必要，一般不要打开机箱盖。日常的维护主要应在机箱的外部进行。

（1）主机的摆放位置。在放置时，如果是沿墙摆放应注意机箱背面要与墙面至少有 20cm 的空隙。以保证机箱内的电源散热风扇的正常散热。同时机箱应远离磁性物质，因为磁场对主机的运行、数据的存储等都会造成一定的影响。

（2）保持系统的清洁。由于灰尘对计算机系统的危害较大（可以说是计算机的"天敌"），所以应定期进行检查和清扫。在清扫时应注意不要让灰尘污染硬盘的电路板、软驱的磁头和光驱的光头组件。

一般在机器关机后，应立即用机罩或防尘布将机器盖上，以防灰尘污染。

（3）与其他部件的连接。在安装或拆卸其他部件（如鼠标、键盘、显示器、打印机等）时，一定要先断电，然后才进行安装或拆卸，以免损坏相应部件的接口。

（4）保持计算机的"凉爽"。计算机主板上有许多高速运行的部件（如 CPU、内存等）、板卡和驱动器件，当系统运行时，它们都会产生热量，而使机箱内温度变得很高。尽管电源箱的风扇也有一定的散热效果，但当板卡数量较多或安装 2 个以上硬盘时，就应考虑增加风扇或使用较大的机箱。另外，机箱应放置在通风的环境中，有条件可安装空调。

（5）梅雨季节时的维护。在梅雨季节，为了防止系统受潮，应保证每天至少有 4h 的通电时间，以利用机器工作时发出的热量在机器内部造就一个相对干燥的"小气候"，保证计算机处于最佳环境。

（6）高温夏季时的维护。夏季气温高，对电脑的影响较大，因此应增加对电脑的散热措施，如使用电风扇散热，有条件的可安装空调。

2. 鼠标的日常维护

（1）保持工作面的平整和清洁。对于机械式鼠标，则要经常保持其工作台面的平整和清洁；而对于光电式鼠标，则要经常清洁其反光板上的灰尘。

（2）鼠标指针移动不灵活。对于机械式鼠标，则要清洗其鼠标球，对于光电式鼠标，则要清洗其发光管和光敏管。

（3）鼠标双击失灵。这种情况通常是由于鼠标的双击速度设置过快造成的，可在 Windows 下，控制面板中的鼠标选项，将鼠标的双击速度调到中间位置即可。

（4）鼠标左按键失灵。这通常是由于鼠标左按键使用频率高，再加上有些用户在使用过程中用力过大造成的。对于三键鼠标，这时可拆下鼠标的左按键的微动开关，然后焊上中间按键的微动开关（这个开关在大多数情况下用不上）即可。

（5）鼠标线断。如果出现屏幕有鼠标指针，但移动鼠标时，鼠标指针不动，就要考虑鼠标线有断线，这是因为在使用鼠标时，鼠标线会经常出现扭折现象，特别是鼠标线的根部。这时可拆开鼠标用万用表测量鼠标线的 4 芯线是否都通，如果不通则只需剪掉鼠标线根部的线，然后再按原来的接法焊好即可。

3. 键盘的日常维护

（1）键盘是根据系统设计要求配置的。一般来说，不同机型的键盘不要随意更换，但目前市面上出售的键盘基本上都是按标准生产的，如果键盘已坏需要更换的话，市面上的键盘可以说是通用的。更换键盘时，必须注意，一定要在关闭计算机电源的情况下进行。

（2）弄清各键功能。键盘上所有键的功能都可以由程序设计者来改变，因此每个键的功能不一定都与键帽上的名称相符。使用时，一定要根据所用软件的规定，弄清各键的功能。

（3）操作正确。在操作键盘时，按键动作要适当，不可用力过大，且手指与键面呈基本垂直状态，以防键的机械部件受损而失效。

（4）保持键盘清洁。一旦键盘有脏迹或油污，应及时清洗。可用柔软的湿布沾少量洗涤剂进行擦除，然后再用干净的布擦干。不可用酒精来清洗键盘。清洗工作应在断电的情况下进行。

（5）拆卸键盘时，应先关断电源，再拔下与主机连接的键盘线插头（注意：应拿着电缆的圆插头拔，而不能扯着电缆线拔，以防插头内部焊点脱焊）。

（6）按键时产生连动。这种故障一般是由于灰尘积累过多所致，应先关机，然后打开键盘，清除灰尘。

（7）按键时出现多个相同字符。这种情况是由于 CMOS 设置中的键盘输入速率过快，而按键时松手过慢造成的。消除办法是重新进入 CMOS 设置，修改键盘输入速率。

（8）按键后键帽弹不起。这通常是机械式键盘的相应键的内部弹簧失效或弹力不够造成的。解决办法是先关机，然后拔出相应键的键帽，取出内部弹簧，进行更换或想办法增加弹簧的弹力，重新装好即可。

4. 显示器的维护

显示器是微机系统的必备外设，是用户监视系统工作的重要手段。系统的许多故障虽然表现在显示器上，但就显示器而言，只要用户注意日常的正确使用方法，掌握一定的维护常识，其产生故障的概率会小于其他外设。即便出现故障，其故障源也多在显示卡及其插件上。

（1）显示器的使用和维护。应注意以下几点：

① 由于显示器是一个静电设备，所以很容易吸尘。在对显示器除尘时，必须拔下电源线和信号电缆线。定期用湿布从屏幕中心螺旋式地向外擦拭，去除屏幕上的灰尘。经常清除机壳上的灰尘污垢，保持外观清洁和美观。每一至两年对显示器内部除尘，以免由于灰尘引起打火而产生其他损坏。清除机内灰尘时，可用软毛刷、皮老虎等工具。

② 搬运显示器时，应先关机，然后将电源线和信号电缆拔下（拔信号电缆时，应先松开与显示卡的固定螺杆，然后拿着接口插件拔，千万不能扯着电缆硬拔，以免使插件接口的内部连线焊点脱焊）。长途搬运时，应将显示器放回原来的包装箱内，以免显示屏受到损坏。

③ 不要将盛有水的容器放在显示器上，以免水流入机内，引起短路，损坏元件。

④ 插拔电源线和信号电缆时，一定要先关机，否则会损坏接口电路元件。

⑤ 在显示器工作时，不要在显示器上搭盖任何东西，显示器与墙面应有至少 20cm 距离的空间，以免影响显示器的散热。在关机后，应立即用防尘罩罩住显示器，以防灰尘等的侵入。

⑥ 显示器的亮度和对比度不宜调得太大，因为过大一方面会加速显像管的老化，另一方面所产生的强辐射对用户的眼睛和身体也不利。

⑦ 在 Windows 环境下，应设置屏幕保护功能，以免显示器由于长时间不工作，造成屏幕的局部老化，同时还可降低功耗，延长显示器的使用寿命。

⑧ 在 CMOS 设置中，应设置相应的显示器节能项，以便进一步降低显示器的功耗，延长其使用寿命。

（2）显示器常见故障检修。常见故障现象及检修如下：

① 开机后，显示器的电源指示灯亮，但主机喇叭有一长二短叫声，且屏幕左上角有一亮条，则说明显示卡与主板接触不良。先关机，打开机箱，拆下显示卡，用橡皮擦掉显示卡上的氧化层，再插回到主板的扩展槽上固定好，连接显示器的电缆；然后开机即可。

② 开机后，显示器电源指示灯不亮。先关机，打开显示器外壳，检查保险管是否烧断。如果烧断，可用同规格的进行代换；代换后，如果再次烧断，则应重点检查电源部分的整流滤波电路和电源开关管。如果保险管未断，则应重点检查电源开关管的启动电阻和开关管本身。

③ 开机后，显示器电源指示灯不亮，且有"吱吱"声。出现这种故障，说明显示器内部的元器件有短路现象，造成电源负载过重。先关机，打开显示器外壳，重点检查行输出管及其周边电路，如果行输出管损坏，应用同型号的管子替换。

④ 显示器显示正常，但亮度不够，而且调节亮度旋钮（或按钮）不起作用。这种故障有两种情况：一是亮度控制电路或亮度调节电位器有问题；二是显示器使用时间过长，造成显像管老化，在此情况下，可调节行输出变压器上的阳极电压，适当调高阳极电压，以增强字符的亮度。

⑤ 显示器有显示，但色彩偏色。这种情况有两种可能：一是显示器失调，这时可通过调节显示器的视放电路中的色彩电位器来解决；二是显示器信号电缆插头上的 3 根颜色线出现脱焊，拆下电缆插头，焊好相应的脱焊点即可。

6.2　复印机

6.2.1　复印机的分类

1. 按照它的用途分类

复印机按用途分类，如图 6.2 所示。

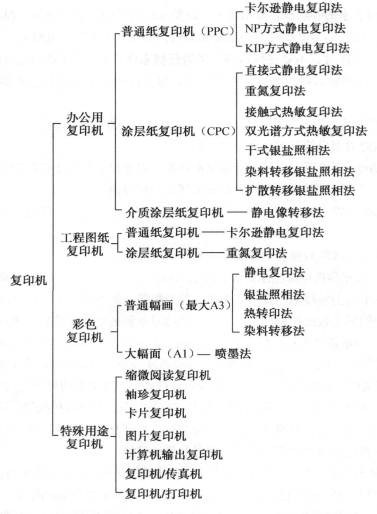

表6.3　复印机按用途分类

2. 按照复印方式分类

复印机按复印方式、细分方式及使用材料分类，如表6.3所示。

表6.3　复印机按复印方式分类

复 印 方 式	细 分 方 式	使 用 材 料
重氮法	干法	重氮化合物涂层纸
	湿法	
银盐法	扩散法	银盐涂层负像纸
	稳定法	
	染料转移法	

续表

复 印 方 式	细 分 方 式		使 用 材 料
红外光法	直印法		单宁酸涂层纸
	转印法		
静电法	直印法	干法	光敏半导体
		湿法	
	转移法	干法	
		湿法	

其中普通纸静电复印机，无论从生产品种和数量以及市场占有率来看，都占有了复印机的绝大多数。

6.2.2 复印机的工作原理

静电复印与一般摄影过程基本相似。它需要通过对文件原稿曝光，在复印感光材料上形成潜像，以及显影、转印、定影等步骤，来产生原稿的复印件。因此，它基本上也是一个照相过程，所以我们把静电复印也叫做电摄影。但是，静电复印与利用银盐感光胶卷的照相过程有很大的不同，它在整个复印过程中不涉及任何化学反应，所产生的潜像是一个由静电荷组成的静电潜像，其显影和转印过程也是基于静电学原理。另外，与照相用的胶卷不同，复印所用的感光材料是一种特殊的光敏半导体（如硒、硫化镉、二氧化硅等），用它制成的静电感光鼓，可以反复曝光成像数万甚至数十万次。

复印机的基本复印过程通常包括以下六个步骤。

1. 充电

充电就是使感光板（鼓）表面均匀地带上一层静电荷，这个过程也叫"敏化"。充电是利用一个叫做"电晕放电装置"的充电器进行的。由图 6.3 中 1 可见，接上高压直流电源的充电器在感光板上方移动，把正电荷均匀地喷洒在感光板的表面。当然，充电操作必须在暗室中进行，否则电荷就会从感光板表面跑掉。

2. 曝光

由图 6.3 中 2 可见，从原稿反射或透射来的光线，通过透镜投射到感光板表面。凡是被光线照到的部分，电荷都从表面跑掉；而在感光板上未受到光线照射的暗区（相当于原稿上有文字图像的部分），电荷仍然保留着，而且任何区域所保留的电荷量与曝光量成反比。因此，通过图像曝光，感光板上产生了一个与原稿内容完全一致的静电潜像。而且这个潜像必须在暗中保持到显影完成。

3. 显影

与一般照相方法的湿法化学显影过程不同，静电潜像的显影是一个"干"的物理过程。

即用带电墨粉（与潜像所带电荷极性相反）使潜像变为可见的图像。图 6.3 中 3 表示墨粉粒子在流过感光板表面时被潜像电荷俘获的情况。显影剂由载体和墨粉组成（称做双组分显影剂）。

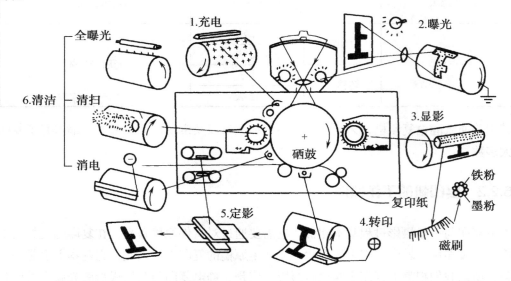

图 6.3　复印机的复印过程分步示意图

载体分为磁性材料和非磁性材料两种，一般都做成小球体（0.1～0.5mm），而且外面都具有绝缘包膜，它相当于一个运载工具。当它和墨粉粒子混合时，由于摩擦带电作用，就使它们分别带有相反极性的电荷并相互吸引。在显影时，表面吸附了很多墨粉粒子的载体流过感光板表面，墨粉粒子就被潜像电荷所俘获，载体则流回显影器中，供循环使用。注意，墨粉粒子所带的电荷，其极性必须和感光板上潜像电荷相反，否则不仅不能进行有效的显影，而且可能显影成负像。

4. 转印

从上面我们已经知道，静电复印感光板上的显影像是一个粉末图像，墨粉粒子是被库仑力吸附在感光板表面的，因此显影像的转印可以通过电吸引的方法或者利用黏合剂涂层纸来完成，目前一般都采用电吸引法。

电吸引法是将复印纸（普通纸）与感光板的表面相接触，同时在纸的背面进行充电，使它带上与潜像相同极性的电荷，见图 6.3 中 4，然后把纸与板分开，墨粉图像就转到了纸上。当然，施加到纸上的电荷必须克服潜像电荷对墨粉粒子的俘获力才能把墨粉粒子吸引到纸上，也就是说，给纸充电的电场应强于潜像电荷产生的静电场。还有，利用这种方法，转印率不可能达到 100%。转印后，仍然有一些墨粉粒子残留在感光板上。

5. 定影

转印到纸上的粉末像可以通过加热或者用其他的定影方法使它固定在纸上，如图 6.3 中 5

为热定影法。由于墨粉的主要成分是热熔性树脂加上炭粉（或染料），因此通过加热的方法，墨粉粒子将会与纸纤维牢牢地熔固在一起。定影后的复印品可以永久保存。

6. 清洁

上面谈到，在转印后感光板上仍会残留一小部分墨粉粒子，因此在感光板重新使用前，必须将感光板上的残余墨粉清除干净。清除的方法有很多种，例如采用毛刷、纸卷、橡胶刮板等。

但是，由于潜像电荷对残留墨粉粒子的引力，不容易清除干净，特别是由于纸从感光板上分离时，分离间隙中的空气被电离，由于这些离子的极性同潜像电荷的极性是一致的，因此就增加了残留墨粉粒子对感光板的黏附力，更不易清除干净。为了彻底清除残留墨粉，就需要消除电荷的影响。消除的方法一般可采用交流消电的方法。此外，在感光板重新使用前还可以采用全面曝光的方法以消除感光板上的残留潜像电荷，如图 6.3 中 6 所示。

6.2.3 复印机的基本组成部件

复印机中按各种工作功能，可以划分成四大系统：曝光系统、成像系统、输纸系统、控制系统。其结构组成方框如图 6.4 所示。

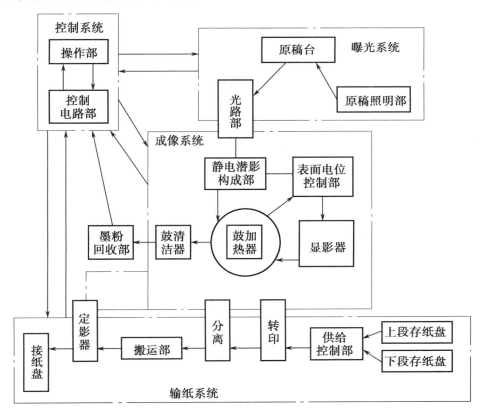

图 6.4 复印机的结构组成方框图

6.2.4 复印机的使用注意事项和常见故障的检修

1. 复印机的使用注意事项

（1）认真学习。认真学习复印机随机带的安装手册和操作手册，熟悉机器的性能、特点、结构和操作方法，以便能正确使用和操作复印机。

（2）记录使用情况。每台复印机自安装之日起，就应建立操作记录本，以记录每次和每天的使用情况。例如在使用中出现的故障情况，对复印工作的影响和解决办法，消耗材料的更换，光导体的更换等。这样做有利于操作者积累经验，便于维修人员能及时进行维修和保养。

（3）独立电源供电。复印机要采用符合要求的单独电源插座，最好不要与其他电器共用一个电源。采用稳压电源或不间断电源 UPS 时，最好不要与计算机设备共用，以免互相干扰，造成误动作，影响复印机和计算机设备的正常使用。

（4）注意保养。每天在准备使用复印机之前，应检查周围环境的条件是否符合要求，即电源电压、室温和相对湿度是否符合要求。同时还要检查一下机内各部分是否正常，每天下班之前应有一定的时间进行清洁保养，因为保持整台复印机的清洁是获取高质量复印品的重要条件之一。

（5）正确选购和使用复印纸。要选用符合复印性能要求的静电复印机专用纸，尽可能不用其他办公用纸，以免造成卡纸故障和复印品图像缺陷。因纸张容易受潮，如果纸张从包装中取出没有用完，应及时将它放回包装袋内，并存放于阴凉、通风和干燥的地方，或放于专用的有干燥设备的工作台内；不要在同一纸盒内使用尺寸大小不同的纸张；切勿使用起皱或折叠过的纸张；尽量避免使用美术纸或涂有外层物料的纸张。

（6）正确处理卡纸故障。当复印机发生卡纸故障时，应按照操作手册的要求，准确的、完整无缺的将纸取出，如发现有缺角，应设法将纸角取出以免造成其他故障。

（7）请专业人员维修。当复印机发生故障时，除卡纸故障可由操作人员随时排除外，一般应请专业维修技术人员来维修。尽量避免让一些没有复印机维修经验的其他人员来处理故障，以免产生其他故障和造成更大的损失。

（8）尽量不要打开机盖随便进行各项参数调整。特别是不要盲目调整电控板上的各种电位器、组合开关等，以免造成电气失控或损坏电控元件。在没有彻底弄清楚机器某部件的结构和工作原理前，切不可凭侥幸心理去盲目拆卸，以防止损坏机器的零部件。如必须进行维修的话，应由有一定维修经验的人员或专业维修技术人员来进行。

（9）注意安全。复印机的充电、转印、分离与消电电极等部位的电压高达几千伏，定影器部位的温度一般高达 200℃。因此在接触机器内部时要特别注意，以防被高压击伤和被高温烫伤。

（10）下班时，注意关闭电源开关和拔掉电源插头。但记住，采用硫化镉光导体的复印机的电源插头不能拔掉。

（11）妥善保管好用于清洁复印机的易燃物品，例如酒精、松香、丁酮及棉球等，以保安全。

2. 复印机常见故障检修

复印机的常见故障分为复印品图像质量和电气与机械方面故障两大类。

表 6.4 列出了复印机电气与机械故障分析与检修方法。表 6.5 列出了复印品图像质量故障分析与检修方法。

表 6.4 复印机电气与机械故障分析与检修方法

故 障 现 象	产生故障的机理原因	检修方法和排除措施
按下电源开关，指示灯不亮	1. 外界电源问题	检查和修复交流供电（220V）线路
	2. 电源插头接触不良	重新插牢
	3. 门开关未合上	关好门，合上门开关
	4. 电源电压过低	加装交流稳压器
预热指示灯超过预热时间不熄	1. 定影器温控电路不正常	检查电路
	2. 定影灯管接触不良或灯丝断	检查灯管，若烧断更换新的
	3. 定影器熔丝（熔断器）断	更换熔丝（熔断器）
	4. 定影器温度电位器数值过大	重新调整电位器数值
按下复印键，机器不工作	1. 复印按钮微动开关工作不正常	调整或更换
	2. 主电动机故障	检修或更换主电动机
	3. 控制电路故障	检修或更换控制电路板
按下复印键，运转正常，但复印纸不输出	1. 搓纸电动机不工作	检查线路和电动机
	2. 搓纸辊老化或脏污	清洁或更换搓纸辊
	3. 纸张走偏，在输纸道中卡住	检查纸盒是否安装正常
	4. 输纸离合器不工作	检修或更换离合器
	5. 纸张未从感光鼓上分离下来	检查分离装置
	6. 纸张分离后未进入定影器	检修和清洁输纸装置
光学扫描系统不正常工作	1. 扫描移动轨道脏或阻塞	清洁和润滑扫描轨道
	2. 扫描驱动钢丝绳太松或太紧	调整扫描驱动钢丝绳的张力
	3. 扫描起始微动开关和离合器不工作	检修和调整微动开关及离合器
	4. 控制电路有故障	检查或更换控制电路板
纸卡在输纸道内	1. 输纸离合器失控	调整或更换输纸离合器
	2. 输纸道内有异物	清除纸道内异物
	3. 纸走偏堵塞	清除复印纸

续表

故 障 现 象	产生故障的机理原因	检修方法和排除措施
磁刷显影器不转	1. 载体过多	调整载体与墨粉比例
	2. 显影器齿轮磨损	更换齿轮
	3. 显影离合器失控	检修或更换显影离合器
加粉器失灵	1. 加粉电动机失控	检修加粉电动机及控制电路
	2. 加粉盒没装好	重新安装加粉盒
	3. 加粉器中有异物	取出加粉器清除异物
定影器不运转	1. 定影驱动机构不良	进行检修或更换
	2. 定影辊被卡住	检修定影辊，排除卡辊的故障
	3. 传动齿轮磨损	更换齿轮

表 6.5 复印品图像质量故障分析与检修方法

故 障 现 象	产生故障的机理原因	检修方法和排除措施
复印品全白	1. 充电电极接触不良	重新安装调整
	2. 转印电极丝断	更换转印电极丝
	3. 高压发生器无输出	检修或更换高压发生器
	4. 显影器安装不到位	重新安装，并调整传动齿轮啮合
	5. 显影套筒不转	检修显影驱动机构
	6. 无显影剂	添加显影剂
复印品全黑	1. 曝光灯坏	更换曝光灯
	2. 鼓和光学系统严重受潮	加电除潮，并对鼓、镜头、反射镜等进行清洁
	3. 光路中有异物	清除异物
复印品上有纵向白带	1. 电极丝上有异物、脏或变形	清洁或更换电极丝
	2. 感光鼓面有问题	清洁或更换感光鼓
复印品上有横向白带	1. 显影套筒运转不正常	检查和调整驱动链条
	2. 充电电极接触不良	用砂纸打磨插头，并重新插好
	3. 感光鼓面不干净	清洁感光鼓
图像歪斜	1. 纸盒内装纸太多	将纸盒内的纸减少
	2. 搓纸轮接触不均匀	清洁和调整搓纸轮
	3. 进纸辊簧位不正确	清洁和重新安装
	4. 输纸系统脏	清洁输纸系统
复印品上出现纵向黑带	1. 光学系统脏	清洁光学系统中的镜头、反射镜等
	2. 电极丝脏	清洁和调整电极丝
	3. 消电灯坏	更换消电灯

续表

故 障 现 象	产生故障的机理原因	检修方法和排除措施
复印品上出现纵向黑带	4. 清洁刮板上有纸屑	清洁或更换清洁刮板
	5. 定影热辊污染或有划痕	清洁或更换定影热辊
	6. 感光鼓上有划痕	维修或更换感光鼓
复印品上有横向黑带	1. 显影偏压漏电	检修偏压电路和底座
	2. 显影区附近脏	清洁显影区
	3. 定影辊脏	清洁和调整定影辊
	4. 感光鼓有划痕	维修或更换感光鼓
复印品上有白点	1. 显影粉浓度不够	检查显影装置
	2. 显影磁极位置有问题	调节磁极位置
	3. 消电灯坏	更换消电灯
	4. 充电电极高压值波动	检修高压发生器
复印品图像浓度不均匀	1. 充电、转印电极污染	清洁或更换电极丝
	2. 消电灯滤光片脏	清洁滤光片
	3. 消电灯坏	更换消电灯
复印品图像浓度不均匀	4. 墨粉在粉斗内分布不均	查找并排除墨粉分布不均的故障
	5. 撒粉辊坏	更换撒粉辊
	6. 墨粉斗内有异物	清除异物
复印品图像浅淡	1. 充电、转印电极脏	清洁或更换电极丝
	2. 曝光量调节不合适	重新选择曝光方式
	3. 显影剂超过使用期	更换显影剂
	4. 磁刷与感光鼓的间距大	调节磁刷与感光鼓的间距
	5. 显影器中墨粉少	添加墨粉
	6. 感光鼓表面形成薄膜	清洁或更换感光鼓
	7. 充电高压数值低	检查和调整充电高压值
复印品有底灰	1. 稿台玻璃脏	清洁稿台玻璃
	2. 原稿有底色或彩色原稿	采用合格的原稿
	3. 光学系统污染	清洁光学镜头，反射镜等
	4. 预清洁电极丝断	更换预清洁电极丝
	5. 充电高压或栅压过高	检查和调节高压或栅压
	6. 显影磁刷太厚	调节显影磁刷厚度
	7. 感光鼓已到使用寿命	更换感光鼓
	8. 消电灯坏	更换消电灯
	9. 曝光灯污染或老化	清洁或更换曝光灯
复印品图像跳动	1. 扫描架导轨脏	清洁和润滑扫描导轨
	2. 扫描驱动电动机不良	检修控制电路和驱动电动机

故 障 现 象	产生故障的机理原因	检修方法和排除措施
复印品图像跳动	3. 扫描驱动滑轮磨损	更换扫描驱动滑轮
	4. 进纸辊转动不正常	检修进纸辊和电磁离合器
	5. 感光鼓驱动齿轮磨损	更换感光鼓驱动齿轮
复印品图像模糊	1. 光学系统聚焦不良	进行各种倍率下的调整
	2. 稿台玻璃脏	清洁稿台玻璃
	3. 扫描架导轨脏	清洁润滑扫描导轨
	4. 扫描架驱动钢丝绳松	调节好驱动钢丝绳的张力
	5. 扫描架驱动离合器打滑	检修或更换驱动离合器
	6. 扫描速度传感器有问题	检查或更换速度传感器
	7. 感光鼓表面严重受潮	加电除潮
复印图像擦伤	1. 复印纸凸凹不平	调换合格的复印纸
	2. 显影装置下方有异物	清除异物
	3. 输纸负压风扇电动机不动作	检查控制电路或更换风扇电动机
	4. 定影辊上有异物	清除异物
	5. 定影装置入口导板安装过高	重新安装
复印品起皱纹	1. 复印纸受潮	调换新包装的复印纸
	2. 定影温度设置过高	调节定影温度
	3. 分离电极不起作用	检修分离高压电路或更换分离电极
	4. 纸路脏	清洁整个纸路
	5. 定影辊损坏或变形	更换定影辊
	6. 定影辊压力过大	调节压力
复印品背面脏	1. 纸路污染	清洁搓纸轮、传送带等
	2. 转印导板、转印分离电极座污染	清洁导板口和转印分离电极座
	3. 清洁器下方漏粉	检修清洁器、更换密封垫
	4. 定影上、下辊污染	清洁定影上、下辊
	5. 排纸辊、导纸板污染	清洁排纸辊和导纸板
复印品图像未定影	1. 复印纸受潮	采用未受潮的复印纸
	2. 搓纸不良,产生夹张	检查或更换搓纸轮、摩擦片
	3. 定影温度设置过低	调节定影温度
	4. 温度传感器不良	检查或更换传感器
	5. 定影辊压力过小	调节压力
缩小复印时复印品产生黑边	1. 幅面消电灯脏	清洁幅面消电灯组件
	2. 幅面消电灯损坏	检查和更换消电灯

续表

故 障 现 象	产生故障的机理原因	检修方法和排除措施
放大复印时复印品上有黑带	1. 原稿盖板未合好	盖好原稿盖板
	2. 光学系统驱动机构不良	检修光学系统驱动机构

6.3 打印机

打印机中针式打印机、喷墨打印机和激光打印机是应用最广泛、市场占有率最高的三种打印机。

6.3.1 针式打印机

针式打印机具有结构简单、使用灵活、技术成熟和速度适中的优点，同时还具有多份拷贝、大幅面打印等独特功能，特别是性能价格比高。因此，在办公系统中，针式打印机仍占有很大份额。

1. 针式打印机的分类、特征

（1）字符型打印机。这种打印机以打印英文、数字、符号为主要功能，也能在位图像方式下，打印汉字和图像，但印字质量较低。早期这种打印机作为微型计算机系统的标准输出设备，它常用 7 针或 9 针打印头，由于结构简单、价格低廉，便于推广。它的打印速度每秒已达 100 个字符以上。智能化仪器仪表的输出也使用这类打印机。

近期的字符型打印机都采用 24 针打印头，它可以在位图像方式下打印出近似全字符的汉字，它的打印速度每秒可输出打印 150 个字以上，汉字打印时每秒可达 90 个字左右。这种打印机目前使用较广泛，例如 M1724，TH3070 等。

（2）带汉字库的打印机。为适合国内打印汉字的需要，打印机制造厂家推出带汉字库的打印机。目前国内市场的打印机几乎都是带汉字库的，而且有多种字体的汉字库，如宋体、楷体、黑体、仿宋体等。它的打印速度就 24×24 点阵来说，每秒可达 100 个字以上。

带汉字库的打印机常用的有 AB3240、LQ—1600K。带汉字库打印机，主机只需送 2 个字节代码，打印机接收到代码后，直接从汉字库中取出点阵打印，这种打印方式占用时间少，可提高打印汉字的速度。

（3）彩色打印机。目前国内使用较多的彩色打印机有 M1570、CR3240 等，它们都是点阵式彩色打印机，点阵式彩色打印机的打印原理与一般点阵式打印机相同，所不同的是彩色打印机使用一条基色色带，即在一条色带上分为三个色区，分别涂上三基色油墨，三基色分别为黄色（Yellow）、洋红色（Magenta）、青色（Cyan），三基色合成后至少能显示 7 种颜色。点阵式彩色打印速度中等，印字质量为近似全字符，彩色鲜艳，在文字处理、图形领域中有广泛的用途。由于三基色色带加工困难，进口价格又较高，因此限制了它的广泛使用。

（4）专用打印机。专用打印机是指适用于各种具体领域使用的打印机。如用于银行系统的存折打印机，目前普遍使用的 PR40、0K14320SC 和 0K15330SC 打印机，都是点阵式打印机，它也可作为商业系统的票据打印机用。

这种打印机具有平推功能，它的打印结构与其他点阵式打印结构不同之处是打印头朝下，当单页纸通过并平推入内时，会自动进入打印起始位置，打印头左右移动，走纸电动机向前走纸，当打印结束时，会自动向前或向后退出，由于它具有以上这些功能，故大多被用做存折打印专用。

2. 针式打印机的基本工作原理

针式打印机基本工作流程如图 6.5 所示。针式打印机在联机状态下，通过接口接收主机发送的打印控制命令、字符打印命令或图形打印命令，通过打印机的 CPU 处理后，从字库中可找到与该字符或图形相对应的图像编码首列地址（正向打印时）或末列地址（反向打印时），然后按顺序一列一列地找出字符或图形的编码，送往打印头控制与驱动电路，激励打印头出针打印。

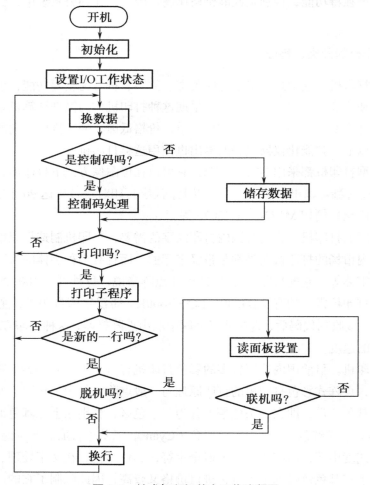

图 6.5　针式打印机基本工作流程图

打印头印字工作原理如图 6.6 所示。打印头是由纵向排列成单列（如 9 针）或交叉排成双列（如 24 针）的打印针及相应的电磁线圈构成的。当电磁线圈通电激励后，相应的打印针就出针，通过击打色带，在打印纸上印出所需的字符（汉字）或图形。

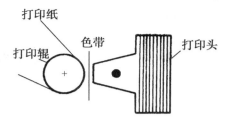

图 6.6　针式打印头印字工作原理

字符（汉字）或图形的打印基本步骤如下：

（1）启动字车。

（2）检查打印头是否进入打印区。

（3）执行打印初始化。

（4）按照字符或图形编码驱动打印头打印一列。

（5）产生列间距控制。

（6）产生行间距控制。

（7）一行打印完毕后，启动走纸电动机，驱动打印辊和打印纸走纸一行。

（8）换行（若是单向打印，则回车）为打印下一行做好准备。

针式打印机基本上依照这八个步骤编制监控程序，由监控程序控制打印机完成打印过程。

字符点阵码都按照《信息处理交换用七位编码字符集》的规定存放在 EPROM 芯片中，分配好地址，以备打印时取用，这也就是字符库。

打印系统中除必备的字符库外，还有汉字可选字模（库）。我国目前 24 针汉字打印机普遍使用的格式是 24×24 点阵。用 576 个点的不同组合，构成 6763 个汉字的一、二级字库。每个 24×24 点阵图像组成的汉字占用 72 个地址单元，编好的地址存储在打印机内置的 EPROM 芯片中，以备打印时取用，这也即汉字库。

3. 打印机的使用

EPSON LQ—1600K 打印机是 24 针带汉字库打印机，在我国使用该系列打印机较多。下面以 LQ-1600K 为主介绍。

（1）打印机的 DIP 开关设置。LQ—1600K 打印机有 2 个 DIP 开关（SW1、SW2），位于打印机的右后方，用于设置打印机的工作状态和操作方式（其新型号的 DIP 设置在前面）。

DIP 开关 SW1 的开关 1～3 为国际字符集选择开关，一般均置于 ON 位置（即美国字符集）；开关 4 为字符集选择，ON 为图形，OFF 为斜体；开关 5 未用；开关 6 为中/西文选择，ON 为西文，OFF 为中文；开关 7 为单页送纸器方式选择，ON 为单页送纸无效，OFF 为有效；开关 8 为 2KB 缓冲区选择，当设置为 ON 时，打印机有 2KB 的缓冲区，当计算机把最后 2KB 数据传送给打印机后，可先存放在打印机的缓冲区中，在打印机工作时，计算机可以做其他工作。

DIP 开关 SW2 的开关 1 用于设置打印机打印纸的页长，ON 为 12in，OFF 为 11in；开关 2 设置为 ON 时，在打印上页的最后一行与下页的第一行间留 1in 的空白，使用连续纸打印时，该功能可使打印机在打印时跳过页缝；开关 3～6 未用；开关 7 为切纸自动归位设置，ON 为有效，OFF 为无效；开关 8 为 ON 则自动换行，为 OFF 则无效。

DIP 开关设定为开机时有效，所以，设置 DIP 开关一定要在关掉打印机电源之后进行，用尖状物来拨动开关，上为 ON，下为 OFF。重新打开打印机电源开关后，新设置开始生效。使用时可根据实际使用需要进行设置。

（2）打印机的自检。所有点阵打印机都具有自检测功能。打印机的验收、故障诊断等，均可通过自检来发现问题，确定大致故障原因。

自检在脱机状态下进行，不同型号打印机，其自检操作方法有所不同。对于 LQ—1600K 打印机，其自检步骤如下：

① 装好打印纸，关掉打印机电源。

② 按住换行键（英文方式自检）或换页键（中文方式自检），接通打印机电源，打印开始后，放开换行键或换页键。

③ 打印机先顺序打印本机 DIP 开关设置状态，若为英文自检方式，则接着循环打印英文字符和字母；若为中文自检方式，则接着顺序打印字库中的中文字符。从而可根据打印机工作状态和打印输出内容检验打印机的机械结构和电子线路是否正常，确定可能的故障范围。

④ 如果自检打印完全正确，可按联机键停止自检，当打印机没纸时自检也会自动停止。

4. 针式打印机常见故障检修

（1）打印机不打印。其检修方法有：

① 检查一下打印机电源开关是否打开及电源灯亮否。如果打印机电源开关已打开而电源灯不亮，查看一下所有的插头是否插好及电源插座是否断线。

② 看一下联机指示灯亮否。如果不亮，按一下联机按钮。

③ 检查一下打印机是否已同计算机连好，对连接打印机与计算机的电缆两端都检查一下。如果打印机仍然不打印，试一下前面介绍的自检测功能。如果自检测功能正常工作，则打印机是好的，故障可能来自计算机、软件或是电缆；如果自检测功能不正常，则是打印机故障。

（2）打印机乱打然后停机。其检修方法有：

① 安装的软件或汉卡可能不当。

② 使用单股屏蔽信号电缆线，并把打印机与计算机一方的卡扣紧，使打印机与计算机外壳通过单股屏蔽信号电缆线形成一个整体，以提高抗外来干扰信号和抗静电的能力。

③ 务必使用三相电源线，并一定要使地线接地。

（3）单页送纸器不能正确供纸。其检修方法有：

① 可能没有用 DIP 开关设置单页送纸器开关。

② 过纸控制杆位置不对，将过纸控制杆推到单页位置。

③ 单页送纸器上的纸杆未被拉回。

④ 打印纸安装不当，则须调整安装打印纸。

⑤ 页长设置不正确，须重新设置。

（4）未得到预想的打印输出。可能的原因有：

① 可能错误使用了国际字符集，必须正确选择所要使用的国际字符集。

② 软件安装可能不正确，查看一下是否正确地为打印机安装了软件。

6.3.2 喷墨打印机

喷墨式印字技术的原理是：利用一个压纸卷筒和输纸进给系统，当纸通过喷墨头时，让墨水通过细喷嘴，在强电场作用下以高速墨水束喷到纸上，形成点阵字符或图像。

这种印字技术早在 20 世纪 50 年代就已研究。但是由于存在喷墨量的控制、墨水对纸张的浸润污染、墨滴扩散、喷嘴堵塞等问题，使其难以推广，直到 20 世纪 60 年代末 70 年代初才形成商品投入市场。进入 20 世纪 80 年代，由于市场对廉价轻便的打印机需求量增大，使得喷墨印字技术得到较大发展。进入 20 世纪 90 年代后，由于喷墨打印机结构简单、工作噪声低、设备体积小，喷墨打印机的价格已相当于或低于针式打印机，而印字质量又近似于激光打印机，因此喷墨打印机获得了很大发展。

1. 喷墨打印机的原理

目前喷墨打印机按打印头工作方式可以分为压电喷墨和热喷墨两大类型。按照喷墨的材料性质又可以分为水质材料、固态油墨和液态油墨等类型的打印机。

压电喷墨技术是将许多小的压电陶瓷放置到喷墨打印机的打印头喷嘴附近，利用它在电压作用下会发生形变的原理，使喷嘴中的墨汁喷出，在输出介质表面形成图案。用压电喷墨技术制作的喷墨打印头成本比较高，所以为了降低用户的使用成本，一般都将打印喷头和墨盒做成分离的结构，更换墨水时不必更换打印头。压电喷墨对墨滴的控制力强，容易实现高精度的打印。从纯技术角度考虑，它比热喷墨的确优秀一些，但它也不是十全十美。比如使用过程中喷头要是堵塞了，无论是疏通或更换都不易操作，往往需要专业的维修人员才能解决问题（喷头堵塞的更换成本非常昂贵）。

热喷墨技术的工作原理是通过喷墨打印头（喷墨室的硅基底）上的电加热元件（通常是热电阻），在 3μs 内急速加热到 300℃，使喷嘴底部的液态油墨汽化并形成气泡，该气泡形成的蒸气膜将墨水和加热元件隔离，避免将喷嘴内全部墨水加热。加热信号消失后，加热陶瓷表面开始降温，但残留余热仍促使气泡在 8μs 内迅速膨胀到最大，由此产生的压力压迫一定量的墨滴克服表面张力快速挤压出喷嘴。随着温度继续下降，气泡开始呈收缩状态。喷嘴前端的墨水滴因挤压而喷出，后端因墨水的收缩使墨水滴开始分离，气泡消失后墨水滴与喷嘴内的墨水就完全分开，从而完成一个喷墨的过程。

喷到纸上墨水的多少可通过改变加热元件的温度来控制，最终达到打印图像的目的。当然，以上只是一种"慢镜头"似的划分，实际打印喷头加热喷射墨水的过程，是相当高速的。从加热到气泡的成长一直到消失，准备下次喷射的整个循环只耗时 140～200μs。用这种技术制作的喷头工艺比较成熟，成本也很低廉，但由于喷头中的电极始终受电解和腐蚀的影响，对使用寿命会有不少影响。所以采用这种技术的打印喷头通常都与墨盒做在一起，更换墨盒时即同时更新打印头。

2. 喷墨打印机的维护

经常使用打印机的用户一定发现，打印机在使用了一段时间后，打印机的速度会变慢，甚至时常出现卡纸的现象。其实这些除打印机本身性能及设备老化外，还有就是打印机来自外部环境因素的影响。如灰尘、污迹、碎纸屑等，都是影响打印机性能稳定的因素。

因此打印机需经常进行日常维护，以使打印机保持良好的工作状态。喷墨打印机日常维护主要有以下工作。

（1）内部除尘。以 Canon 的 S450 彩色喷墨打印机为例，打开打印机的盖板，即可进行除尘工作（见图 6.7）。

内部除尘需要完成的工作主要有以下两个方面：首先用柔软的湿布清除打印机内部灰尘、污迹、墨水渍和碎纸屑（见图 6.8）；其次，如果灰尘太多会导致传动轴润滑不好，使打印头的运动在打印过程中受阻。这时可用干脱脂棉签擦除导轴上的灰尘和油污（见图 6.9），并补充流动性较好的润滑油，如缝纫机油等。

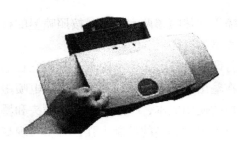

图 6.7　打开打印机的盖板

图 6.8　清扫内部灰尘

在为喷墨打印机内部除尘时，应该注意以下几点：

① 不要擦拭齿轮，不要擦拭打印头和墨盒附近的区域。

② 一般情况不要移动打印头，特别是有些打印机的打印头处于机械锁定状态，用手无法移动打印头，如果强行用力移动打印头，将造成打印机机械部分损坏。

③ 不能用纸制品（如面巾纸）清洁打印机内部，以免机内残留纸屑。

④ 不能使用挥发性液体（如稀释剂、汽油、喷雾型化学清洁剂）清洁打印机，以免损坏打印机表面。

（2）更换墨盒。喷墨打印机型号不同，使用的墨盒型号以及更换墨盒的方法也不相同，在喷墨打印机使用说明书中通常有墨盒更换的详细说明，而且在大部分打印机盖板里也有简易的配图介绍。

更换墨盒操作其实非常简单（见图 6.10），首先通电开机，保证喷墨打印机、墨盒处于在线状态，打开前盖，这时墨盒支架将会移动到中间。然后打开打印机顶盖，取出旧墨盒。最后拆开新墨盒包装，将新墨盒压入槽中，轻按墨盒顶部使之接触良好即可。

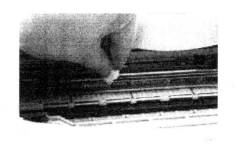

图 6.9　清扫灰尘和油污

图 6.10　更换墨盒

更换墨盒时一定要按照操作手册中的步骤进行，此打印机需要在电源打开的状态进行墨盒更换，因为更换墨盒后打印机将对墨水输送系统进行充墨。此外打印机对墨水容量的计量是使用打印机内部的电子计数器来进行计量的。在墨盒更换过程中，打印机将对其内部的电子计数器进行复位，从而确认安装了新的墨盒。

在更换墨盒时请注意以下几点：

① 不能用手触摸墨水盒出口处，以防杂质混入墨水盒。

② 墨盒要轻拿轻放，以防泄漏墨水。

③ 墨水具有导电性，若漏洒在电路板上应使用无水乙醇（酒精）擦净、晾干后再通电，否则有可能损坏电路元器件。

④ 墨水盒应避光保存在无尘处，保存温度应在−10～35℃之间。

（3）清洗打印头。大多数喷墨打印机开机即会自动清洗打印头，并设有按钮对打印头进行清洗。也有一些打印机可以通过软件控制来清洗打印头，例如，EPSON STYLUS PHOTO 750 既可以通过打印机控制面板上的清洗键来清洗喷嘴，也可以使用驱动程序自带的打印头清洗工具来清洗。如果经过几次清洗以后打印头还是堵塞，可以暂时先关闭打印机，第二天开机时再清洗一下打印头，如果打印质量还是没有改善，说明打印机中的墨盒已经过期或者已经损坏，可以通过更换墨盒来解决问题。

如果打印机的自动清洗功能无效，可以对打印头进行手工清洗。手工清洗应按操作手册中的步骤拆卸打印头。手工清洗打印头可在医用注射器前端套一截细胶管，装入经严格过滤的清水冲洗，冲洗时用放大镜仔细观察喷孔，如喷孔旁有淤积的残留物，可用柔软的胶制品清除。长期搁置不用的一体化打印头由于墨水干涸而堵塞喷孔，可用热水浸泡后再清洗。

清洗打印头应注意以下几点：

① 不要用尖利物品清扫喷头，不能撞击喷头，不要用手接触喷头。

② 不能在带电状态下拆卸、安装喷头，不要用手或其他物品接触打印机的电气触点。

③ 不能将喷头从打印机上卸下单独放置，不能将喷头放在多尘的场所。

6.3.3　激光打印机

1.　激光打印机的分类

按最大打印幅面，可以分为 A4 幅面打印机、A3 幅面打印机以及超大幅面打印机。A4 幅面打印机可以满足一般的打印要求，而且价钱比较便宜。

按打印的颜色是否为彩色，可以分为彩色激光打印机和黑白激光打印机。这两种打印机的价格相差悬殊，因此一般用户采用的多是黑白激光打印机。

按打印机的结构，可以分为网络打印机和非网络打印机。网络打印机专门为网络环境所设计，自身带有或选配网卡和打印服务器，有独立的 IP 地址。在几十人共用一台打印机、打印量比较大的场合，应该采用网络激光打印机。

非网络打印机则没有专门的网络设置，虽然可以借助计算机实现打印机共享，但是不能称之为真正的"网络打印机"，仅适用于规模较小、打印量不大的网络打印环境。

2.　激光打印机的性能指标

（1）打印速度。打印速度的指标是 p/min 值，即每分钟可以打印的页数。目前普通激光打印机的打印速度在（6～12）p/min 左右，网络激光打印机的打印速度一般在 20p/min 以上（如实达的 SuperLaser3020N 打印机）。这个 p/min 指标是指在 A4 幅面打印条件下、5%的覆盖率的情况下的速度。如果打印量比较大，使用的人员多，还是选用高速打印机为好。

（2）分辨率。分辨率决定打印机打印的清晰程度，指标为 d/in 值，即每英寸点数。目前绝大多数激光打印机都能达到 600d/in。

（3）打印成本。要充分考虑到硒鼓寿命、炭粉用量等耗材因素，因此要买质量高的打印机。如果买了一台价格非常便宜的打印机，在使用过程中却发现墨粉消耗得特别快，真是得不偿失。

（4）易用性。由于打印机一般由计算机水平不高的办公室人员来安装和操作，自然是越容易安装、越容易操作为好。

（5）可扩展性。应该选购具有一定可扩展性的打印机，能够满足未来几年内的需要。

3.　激光打印机的原理

激光打印机是利用光栅图像处理器先产生要打印页面的位图，然后将其转换为一系列的脉冲信息送往激光发射器，在这一系列脉冲的控制下，激光被有规律地放出，其反射光束被感光鼓接收并感光，当纸张经过感光鼓时，鼓上感光位置的着色剂就会转移到纸上，印成了页面的位图，最后纸张经过加热辊，着色剂被加热熔化固定在纸上。

4.　激光打印机的维护

（1）硒鼓的安装与存放。硒鼓是激光打印机里重要的部件，直接影响打印的质量。对于硒鼓的安装，先要将硒鼓从包装袋中取出，抽出密封条（注意：一定要将密封条完全抽出。），再以硒鼓的轴心为轴转动，使墨粉在硒鼓中分布均匀，这样可以使打印质量提高。对于硒鼓的保存，要将硒鼓保存在原配的包装袋中，在常温下保存即可。切记不要让阳光直接曝晒硒鼓，否则会直接影响硒鼓的使用寿命。

（2）处理墨粉少的方法。在打印品上出现平行纸张长边的白线，一般来说是由于硒鼓内的墨粉不多了。打开激光打印机的翻盖，将硒鼓取出，左右晃动，再放入机内，如打印正常，说明的确是硒鼓内的墨粉不多了；若打印时还有白线，则需要更换新的硒鼓。

（3）处理卡纸的方法。卡纸的毛病很常见。在放置纸张时将纸边用手抹平，用卡纸片紧卡住纸张两边，可以有效地避免卡纸。当卡纸时，也别着急。先打开激光打印机的翻盖，取出硒鼓，将打印机左侧的绿色开关向上扳，这样可以扩大卷纸器的缝隙。再用双手轻轻拽出被卡住的纸张，此时注意不要用力过猛，以免拉断纸张，纸张一旦断裂，残留的纸张会很不好取；更不能用尖利的东西去取，以免造成激光打印机的损坏。当激光打印机卡纸时，常常会有一些墨粉散落在打印机内，使打出的东西常常黑糊糊的。这时只需要多打印几张测试页，带出这些墨粉就没事了。

（4）清洁纸路。纸路中污物过多，会使打印出的纸面发生污损。在清洁纸路时，首先打开激光打印机的翻盖，取出硒鼓，再用干净柔软的湿布来回轻轻擦拭滚轴和印盒，去掉纸屑和灰尘，注意不要用有机溶剂清洗，不然就要好心办坏事了。

（5）其他打印问题。如遇到其他打印问题时，首先要想到的是先打一张单机自检页，检查有无质量问题。如有问题，检查一下硒鼓表面是否良好，更换硒鼓，再打印一张自检页，如没有问题，确认是否是软件的问题（是否需重新安装驱动程序、重新配置或安装应用程序）。

（6）最佳的维护时间。掌握最佳的激光打印机维护时间，可以收到最好的维护效果。在以下三种情况下应进行维护：

① 每次更换硒鼓时。

② 每打印完 2500 页时。

③ 打印质量出现问题时。

经过以上处理，一般都能解决问题；如果还有问题，那就只有与激光打印机维修中心联系了。

6.4 网络技术

随着微机的发展和普及，计算机局域网络异军突起，越来越多的办公室、实验室和校园都建起了自己的局域网络，甚至通过某台代理服务器使整个局域网络接入国际互联网（Internet），使整个计算机网络领域呈现蓬勃发展的态势。

6.4.1 局域网

局域网是通过通信媒体（双绞线、同轴电缆和光缆等）互联起来的微型计算机集合体。

其主要作用有两点：

一是资源共享。网络的核心目的是实现资源共享，它包括硬件资源（硬盘、光驱、打印机等）、软件资源（系统软件、应用软件等）和数据资源等。

二是数据传送。数据和文件的传送是局域网的最基本功能，通过这一点可以把分散的部门连接起来，进行集中控制管理。

局域网一般由服务器、用户工作站、网卡、传输介质、联网设备五部分组成。

（1）服务器是计算机的一种，它是网络上一种为客户端计算机提供各种服务的高性能计算机，它在网络操作系统的控制下，将与其相连的硬盘、磁带、打印机、MODEM 及昂贵的专用通信设备提供给网络上的客户站点共享，也能为网络用户提供集中计算、信息发表及数据管理等服务。服务器首先是一种计算机，只不过是能提供各种共享服务如硬盘空间、数据库、文件、打印等的高性能计算机。它的高性能主要体现在高速度的运算能力、长时间的可靠运行、强大的外部数据吞吐能力等方面。

服务器分为文件服务器、打印服务器、数据库服务器，在 Internet 网上，还有 Web、FTP、E-mail 等服务器。

（2）用户工作站。就是一台客户端计算机，可以有自己的操作系统，独立工作。通过运行工作站网络软件访问网络服务器共享资源，常见的有 DOS 工作站，Windows 工作站。

（3）网卡。将工作站式服务器连到网络上，实现资源共享和相互通信，数据转换和电信号匹配。网卡（NTC）的分类主要看速率，一般有 10Mb/s、100Mb/s 和 10/100Mb/s 自动适应网卡。传输介质接口一般为 BNC（细缆）或 RJ—45（双绞线）。

（4）传输介质。目前常用的传输介质有双绞线、同轴电缆、光纤等。

（5）联网设备，网络连接设备一般有两种选择：集线器（Hub）或交换机（Switch）。它们的作用都是用来把网络中的所有电脑（拓扑图中的周围节点）汇接在一起。它们的区别仅在于内部工作原理的差异，集线器是一种"共享式"的设备，它把从任一端口接收到的信号进行放大，然后再发送到所有的端口上，由网络中的计算机自己判断是否应该接收。但是这样做有一个弊病：由于不论是谁的信号都一股脑儿地对全网的计算机"广播"，因此常常会出现数据阻塞的现象，就跟在一个没有交通警察指挥的繁华十字路口上，难免会出现塞车现象是同样的道理。

怎样才能避免网络塞车呢？那恐怕得给网络请个交通警察来。这个警察就是局域网交换机（有时也叫做交换式 Hub）。交警的任务是指挥交通，也就是给马路上来来往往的车辆分配它们该走的通道，保证车流的有序行驶。这个功能换到了局域网交换机上就是人们常说的"路由"——交换机能为网络上的数据分配好通道，实现点对点的数据传输。因此使用交换机作为中心节点时，即使网络状态十分繁忙，节点之间的数据交换也能够保证十分通畅地进行。

因此，交换机主要应用于大中型网络，以及对网络性能要求比较高的场合。而集线器的整体效率远远比不上局域网交换机，但其在价格方面仍然很有优势，对于小型办公网络和家庭网络而言，集线器往往是选择对象。

对于由少数计算机组成局域网的组建一般有以下几种情况：

两台微机直接通过各自的并行口或串行口用电缆进行连接，利用 Win 98、WinXP 或

winNT 实现数据通信。两台微机的连接可通过各自的 25 针 D 型并行口或 9 针 D 型（或 25 针 D 型）串行口的连接来实现。

多台微机通过网络适配器（网卡）、电缆（双绞线或同轴电缆）、连接器（HUB 或 T 型头和端接器）连接起来，利用 Netware、WinNT、WinXP 或 Win 98 等网络操作系统实现资源共享和数据通信。

图 6.11 所示同轴细缆型，该型投入极低，建设容易，但故障的排除难度相对较大，用户在 15 台以内的网络用同轴细缆完全可以接受。每台电脑需一块带 BNC 头的网卡（ISA 接口价格最低，但难找，PCI 接口已成为主流），如 TP-Link PCI 10M 网卡就够用，以及连接头、同轴细缆线和终端器。

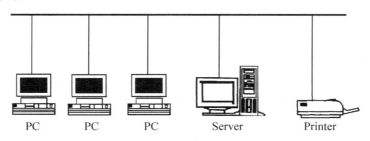

图 6.11　同轴细缆型

图 6.12 所示双绞线型，该型投入不高，维护简单、稳定性强。超过 16 台电脑建议用此型网络为好。该型网络需一台集线器（又叫 Hub，主要作用是集合网络，做连接的中心），根据用户数可购置 16～24 口的 Hub，速度可选择 10MB 或 10MB/100MB 自适应的。

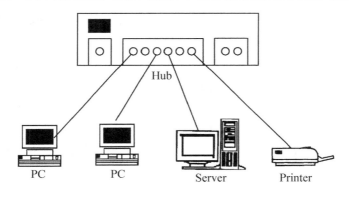

图 6.12　双绞线型

6.4.2　Internet 的连接

目前上网的方式有很多种，如 MODEM 拨号上网、ADSL、DDN、微波专线等。但是，运用"MODEM"上网还是目前普通用户最常用的上网方式。

1. MODEM 拨号上网

MODEM 是英文 Modulator—Demodulator 的缩写，其中文意思是调制器——解调器。MODEM 的主要功能就是"调制"和"解调"。调制是指将计算机发出的二进制数字信号转换成带宽小于 4kHz 的模拟形式的音频信号，以便在电话网上进行远距离传输，解调则是在接收端将经电话网传送过来的"已调制"的音频信号还原成计算机所能接受的二进制数字信号。所以，简而言之，MODEM 是为了使计算机信息能在电话网传输而使用的信号变换器，它是计算机上网的桥梁。近年来，各 MODEM 生产厂家在 MODEM 中增加了一些新的功能，例如，将数据压缩技术引入 MODEM，进一步提高了 MODEM 的传输速度和传输效率；将纠错技术引入 MODEM，使得 MODEM 的传输更加可靠；在 MODEM 中集成了数字化语音及 FAX（传真机）的功能等，更进一步地拓宽了 MODEM 的应用领域。

（1）MODEM 的分类。MODEM 通常分为内置式和外置式两种。外置式 MODEM 实际是安装在计算机外部的部件，它有自己的供电部件。内置式 MODEM 是一块板卡，可插在计算机主板上的扩展槽中进行工作。两种 MODEM 的工作方式相同，性能上也没有什么差别，只是内置式 MODEM 的安装设置比较复杂。MODEM 还有拨号线和专线之分，专线 MODEM 可提供更高的传输速率，但它主要用于一些专用场合，一般用户很少用得上，所以如果没有特殊说明的话，通常所说的 MODEM 都是指拨号线 MODEM。

（2）MODEM 的传输速度。MODEM 的传输速度是以 b/s（也有用 bps 表示的）来衡量的，通常又叫波特率，它表示每秒传送的数据位数。目前常用的 MODEM 的速度有 14.4kb/s，28.8kb/s，33.6kb/s 和 56kb/s。高速 MODEM 可以说是节省上网费用的惟一途径。但目前我国通信线路的现状，56kb/s 的数据传输速度已经是普通通信线路所能承载的上限了，也就是说，太高的工作速度反而可能造成数据传输质量的下降。

（3）MODEM 的使用。对于大家常见的 MODEM 来说，它也有着不同的优缺点：首先，如果使用"外猫"，它安装设置简单，不会受计算机内部的各种电磁波或超频等因素的干扰，对 CPU 档次几乎没有要求，且工作状态一目了然；而使用"内猫"则具有结构简单，无须外接独立电源，且节约桌面空间、价格便宜等优点。

虽然 MODEM 也存在着不少缺点，但是，正因为它的起点不高，价格便宜、安装简单且使用灵活，而且如今城市几乎每家都安有电话，只要接上 MODEM 就可轻松上网，无需再做其他的申请工作；此外，目前可供选择的 ISP 服务商也很多，使用户有足够的选择余地。再有，很多 MODEM 厂商也推出了一些可圈可点的消费热点，比如：追求时尚化、一键上网和预留上网账号等，这些都使得 MODEM 现在仍继续扮演着网络接入设备的主流产品。

2. 非对称数字用户环路 ADSL（Asymmetrical Digital Subscriber Line）

ADSL 是一种能够通过普通电话线提供宽带数据业务的技术，是目前极具发展前景的一种接入技术。ADSL 素有"网络快车"之美誉，因其下行速率高、频带宽、性能优、安装方便、不需交纳电话费等特点而深受广大用户的喜爱，成为继 MODEM、ISDN 之后的又一种全新的、更快捷、更高效的接入方式。

ADSL 支持上行速率 640kb/s～1Mb/s，下行速率 1Mb/s～8Mb/s，其有效的传输距离在 3～5km 范围以内。ADSL 接入方案比网络拓扑结构更为先进，每个用户都有单独的一条线路与 ADSL 局端相连，它的结构可以看作是星型结构，数据传输带宽是由每一位用户独享的。

比起普通拨号 MODEM 的最高 56Kb 速率以及 N-ISDN 128Kb 的速率，ADSL 的速率优势是不言而喻的。与普通拨号 MODEM 或 ISDN 相比，ADSL 更为吸引人的地方是：它在同一铜线上分别传送数据和语音信号，数据信号并不通过电话交换机设备，减轻了电话交换机的负载，并且不需要拨号，一直在线，属于一种专线上网方式，这意味着使用 ADSL 上网并不需要缴付另外的电话费。

和拨号上网相似，使用 ADSL 同样需要有相应的调制解调器来帮忙。ADSL MODEM 同样有内置和外置之分。

3. 与网络连接进入 Internet

与网络连接进入 Internet，就是将计算机连接到一个已经与 Internet 直接相连的局域网上，并获得一个永久属于你的计算机的 IP 地址。使用这种方法时，不需要 MODEM 和电话线，但需要计算机配有网卡，用于与局域网的通信。由于一般网卡的数据传输速度比 MODEM 快得多，因此与网络连接进入 Internet 是性能最好的一种方法。

计算机要与局域网相连，要具备网卡和网卡驱动程序，与 Internet 相联还要有按 TCP/IP 规程通信的能力，因此要配有 TCP/IP 的软件（如 Win XP 等）。另外，还要进行一定的配置，例如，设定一个属于自己的 IP 地址。只有具有 IP 地址后，Internet 才能识别你的计算机，你的计算机才能作为一台主机连接到 Internet 上。用这种方法与 Internet 连接后，就能享受到 Internet 上的所有资源。

6.4.3 文件的共享与传输

在组建好网络之后，就可以直接通过局域网完成两台计算机中（或多台计算机）的文件复制，还能够让局域网中的所有计算机共享一台打印机，共享使用是网络的一个重要用途。

1. 文件共享

局域网中设置文件共享之后可以通过网络邻居打开某一台计算机，使用其中的共享文件资源，而且对于一些没有特殊安装要求的程序（比如硬盘版的游戏、各类文档、MP3 歌曲、MPEG 影像等）都可以直接调用，而且除了网络带宽因素导致程序运行的速度有些慢之外，其余一切都像在本地硬盘上使用这些程序一样。

（1）Windows 98（Me）下的文件资源共享。在 Windows 98（Me）系统中共享文件资源之前，首先要对网络属性进行设置，激活文件共享权限。

① 右击桌面上的"网上邻居"图标，并在弹出的菜单中选择"属性"命令激活网络属性设置窗口。

② 在窗口的界面中点击"文件及打印共享"按钮，这时将出现一个对话窗口，在其中勾选"允许其他用户访问我的文件"。虽然这一步实现起来非常简单，但它是不可忽略的，因为只有在激活文件共享权限之后才能进行文件共享操作，否则无法进行下面的共享本机文件的操作。

③ Windows 98（Me）中可以共享的文件资源有各种文件夹、硬盘盘符、光驱等，此时打开资源管理器或者是某个目录，选择好需要共享的文件夹并右击鼠标，接着点击其中的"共享"命令。

④ 在窗口中先点击"共享为"单选项，使下面的选项呈可操作状态。然后在"共享名"一栏中输入供别人查看的文件夹名称，比如在这里输入"F"，则别人从网络上看见的文件夹名称就为"F"；输入"共享E"则别人看见的文件夹名称为"共享E"。另外，这个窗口中还有一个"访问类型"设定，其中有3种模式：只读、完全和根据密码访问。其中"只读"是仅提供网络用户读取文件的权限，不能对文件进行修改、删除等操作；"完全"是拥有对文件的所有操作权限，就像是在本地计算机上使用这些文件一样，"根据密码访问"则通过给同一个文件夹分别设定只读和完全两个不同的密码来授予对方权限，这样，输入不同的密码就可以获得不同的权限。无论采用何种模式都可以对文件夹设定密码保护。

⑤ 完成上述操作之后，你将会发现共享的文件夹图标下部多出了一只小手，这就说明该文件夹已经共享了。

（2）WIN2000 下的文件资源共享。对于熟悉 Windows 98 的朋友来说，第一次使用 Windows 2000 的时候肯定会遇到不少问题，而这其中就包括文件的共享。因为在 Windows 2000 下共享文件夹的时候，需要设置权限、用户等方面的内容。

① 选取一个需要共享的文件夹并右击鼠标，在弹出的菜单中选取"共享"命令。

② 在窗口中点击下部的"新建共享"按钮。

③ 接着在弹出的窗口中的"共享名"一栏中为这个共享文件夹建立一个名称，同时可以在"备注"里输入一些有关文件夹的说明性文字。另外，在这里还可以设定这个共享的文件夹可以同时供多少人使用，建议大家不要允许过多的用户，否则会导致自己计算机性能和网络速度的下降。

④ 为了给不同的用户设置不同的使用权限，还可以点击"权限"按钮对用户设置完全控制、更改和只读权限。一般采用默认的完全共享才是最为方便的。

完成上述操作之后，Windows 2000 中的文件就实现了共享，不过此时 Windows 98 的计算机并不能对其进行访问使用，这是由于 Windows 2000 中采用的是用户访问机制，未经授权的用户无法使用其中的文件资源，所以接下来还要对用户访问权限进行设置。

实现用户远程访问最简单的方法是运行"程序→管理工具→计算机管理"命令之后，在窗口中选择"本地用户和组"中的"用户"选项，这里可以看见"Guest"图标前面有一个红色的"x"，这就说明系统默认的是将来宾访问权限关闭。双击"Guest"图标并在弹出的窗口中取消"账户已停用"一项，确认之后就激活了来宾访问权限，也就是说 Windows 98 的计算机可以直接访问 Windows 2000 计算机中的文件资源了。

所有的设置完成之后，无论是 Windows 98 计算机还是 Windows 2000 计算机，都可以通过打开"网上邻居"窗口来查找对方共享的文件资源了。

（3）局域网中文件快速传递技巧。在局域网之间相互传送文件的时候，绝大多数都是先通过"网上邻居"访问对方的电脑，然后在对方的电脑中打开指定的目录，最后用鼠标在本地电脑与对方电脑之间拖动需要传送的文件，这样就可以实现在局域网中相互传送文件的目的了。但每次都按照这样的步骤进行操作就显得比较麻烦，有没有更加快捷的方法呢？这里向大家提供一个用"发送到"命令的方式来实现文件快速传递的小窍门。

① 首先在 B 电脑上用鼠标右键单击"我的文档"文件夹，从弹出的右键菜单中选择"共享"命令，在打开的对话框中设置"我的文档"文件夹为共享方式，并选择访问类型为"完全"。为了安全起见，你还可以设置完全访问密码。

② 在 A 电脑上，用鼠标双击"网上邻居"图标，接着在"网上邻居"窗口中找到 B 电脑的名称，然后用鼠标双击 B 电脑图标，依次打开各级文件夹来找到"我的文档"文件夹。用鼠标左键双击该文件夹，系统会出现提示输入口令的界面，此时可输入上面所设置的口令，然后再选择"把此口令存入口令表中"选项，最后再用鼠标单击"确定"按钮，这样在以后每次发送文件到该文件夹时，就不再提示输入口令了。

③ 随后在 A 电脑中再打开另外一个操作窗口，在该窗口中打开 Windows 安装文件夹里的"Send to"（发送到）子文件夹，并将这个窗口和 B 电脑的"我的文档"文件夹图标都显示在桌面上，然后用鼠标右键单击 B 电脑的"我的文档"文件夹图标，再移动到"发送到"子文件夹中，松开鼠标右键，接着从弹出的菜单中选择"在当前位置创建快捷方式"选项，就可以为该目录创建一个快捷方式了。

现在你就可以实现从 A 电脑到 B 电脑的快速传递操作了。需要传送文件的时候，只要在 A 电脑上选择了文件并单击鼠标右键，就可以发现在"发送到"子菜单中多了一项刚才创建的快捷方式，单击该选项就可以将选中的文件复制到 B 电脑的"我的文档"文件夹中，这样就可以轻松实现在局域网中快速传递文件的目的了。同理，按照上面的操作步骤，你也能够将文件从 B 电脑快速传递到 A 电脑里。

6.4.4 局域网络的安全

网络安全涉及到通信、网络、密码学、芯片、操作系统、数据库等多方面技术。目前的网络安全产品，主要分为以下几类：3A 类产品、安全操作系统、安全隔离与信息交换系统、安全 WEB、反病毒产品、IDS 和弱点评估产品、防火墙、VPN、保密机、PKI 等。其中，防火墙是网络安全的第一道屏障，防火墙是网络上使用最多的安全设备，是网络安全的重要基石。一般用户通常是使用防火墙进行安全保护的。但由于各种新病毒的不断出现、不断变化，防火墙有时也会受到病毒的侵害。

为有效防御计算机病毒，特提出10点建议：

（1）用常识进行判断。绝不打开来历不明邮件的附件或你并未预期接到的附件。对看来可疑的邮件附件要自觉不予打开。千万不可受骗，认为你知道附件的内容，即使附件看起来好像是JPG文件。这是因为Windows允许用户在文件命名时使用多个后缀，而许多电子邮件程序只显示第一个后缀，例如，你看到的邮件附件名称是wow.jpg，而它的全名实际是wow.jpg.vbs，打开这个附件意味着运行一个恶意的VBScript病毒，而不是你的JPG察看器。

（2）安装防病毒产品并保证更新最新的病毒定义码。我们建议您至少每周更新一次病毒定义码，因为防病毒软件只有是最新的才最有效。

（3）当你首次在计算机上安装防病毒软件时，一定要花费些时间对机器做一次彻底的病毒扫描，以确保它尚未受过病毒感染。领先的防病毒软件供应商现在都已将病毒扫描作为自动程序，当用户在初装其产品时自动执行。

（4）确保你的计算机对插入的软盘、光盘和其他的可插拔介质及对电子邮件和互联网文件都会做自动的病毒检查。

（5）不要从任何不可靠的渠道下载任何软件。因为通常我们无法判断什么是不可靠的渠道，所以比较保险的办法是对安全下载的软件在安装前先做病毒扫描。

（6）警惕欺骗性的病毒。如果你收到一封来自朋友的邮件，声称有一个最具杀伤力的新病毒，并让你将这封警告性质的邮件转发给你所有认识的人，这十有八九是欺骗性的病毒。建议你访问防病毒软件供应商，证实确有其事。这些欺骗性的病毒，不仅浪费收件人的时间，而且可能与其声称的病毒一样有杀伤力。

（7）使用其他形式的文档，如RTF（Rich Text Format）和PDF（Portable Document Format）。常见的宏病毒使用Microsoft Office的程序传播，减少使用这些文件类型的机会将降低病毒感染风险。尝试用Rich Text存储文件，这并不表明仅在文件名称中用RTF后缀，而是要在Microsoft Word中，用"另存为"指令，在对话框中选择Rich Text形式存储。尽管Rich Text Format依然可能含有内嵌的对象，但它本身不支持Visual Basic Macros或Jscript。而PDF文件不仅是跨平台的，而且更为安全。当然，这也不是能够彻底避开病毒的万全之计。

（8）不要用共享的软盘安装软件，或者是复制共享的软盘。这是导致病毒从一台机器传播到另一台机器的方式。

（9）禁用Windows Scripting Host。Windows Scripting Host（WSH）运行各种类型的文本，但基本都是VBScript或Jscript。许多病毒/蠕虫，如Bubbleboy和KAK.worm使用Windows Scripting Host，无须用户点击附件，就可自动打开一个被感染的附件。

（10）使用基于客户端的防火墙或过滤措施。如果你使用互联网，特别是使用宽带，并总是在线，那就非常有必要用个人防火墙保护你的隐私并防止不速之客访问你的系统。如果你的系统没有加设有效防护，你的家庭地址、信用卡号码和其他信息都有可能被窃取。

习题 6

1. 微型计算机的基本组成部分有哪些?

2. 微型计算机的主要输入设备有哪些? 各有什么特点?

3. 用 MODEM 上网的特点是什么?

4. 微型计算机的日常维护应注意哪几点?

5. 简述复印机的基本原理。

6. 复印品出现图像全白的故障有哪些?

7. 简述针式打印机的特点。

8. 简述喷墨打印机的特点。

9. 简述激光打印机的优缺点。

10. 简述局域网的组成。

11. 简述 ADSL 的网络连接特点。

12. 如何在局域网中实现文件夹的共享?

13. 如何预防计算机病毒的侵害?

第7章

综 合 实 践

实践一　参观洗衣机的生产过程

一、实践目的

（1）了解洗衣机的生产主要流程。

（2）了解现代企业的生产模式和企业的概况。

（3）了解企业员工在生产中的作用。

二、实践形式

在工厂（企业）负责人的带领下，对主要的生产流程进行参观、讲解。

三、实践过程

（1）进厂安全教育。由工厂（企业）的安全部门的工作人员讲解安全注意事项。

（2）了解工厂（企业）概况。由工厂（企业）的负责人对企业的概况进行讲解。其中包括工厂（企业）的历史和现状。企业主要生产的产品。产品的主要规格，产品的主要技术核心，产品的整个生产流程。

（3）佩戴好安全防护用品。由工厂（企业）提供相关的安全防护用品，必须佩戴好后才可进入厂区参观。

（4）参观主要的生产流程。在工厂（企业）负责人的带领下，进入厂区参观生产过程。

（5）问题答疑。在参观过程中（或参观完后），对参观中的主要问题进行答疑。

（6）和工厂（企业）的员工对话。

（7）同企业的负责人和员工告别。

四、实践总结并撰写实践报告

实践二　观看电冰箱检修的录像带或 VCD 片

一、实践目的

（1）了解电子电器检修的程序。

（2）了解检修电冰箱的方法。

（3）了解电子电器（电冰箱）检修仪器的使用方法。

二、实践形式

观看电冰箱检修的录像带或 VCD 片。

三、实践过程

（1）观看录像带（VCD 片）的第一部分。

（2）暂停观看，总结：了解电子电器检修的程序，记录整理。

（3）观看录像带（VCD 片）的第二部分。

（4）暂停观看，总结：结合实物仪器，了解检修电冰箱的仪器。

（5）观看录像带（VCD 片）的第三部分。

（6）讨论检修电冰箱方法的应用。

四、实践总结并撰写实践报告

实践三　各种音频设备的放音

一、实践目的

（1）了解音频设备的发展历程。

（2）了解各种音频设备的特点。

（3）了解各种音频设备的发声原理。

二、实践方式

聆听各种音频设备的声音。

三、实践过程

（1）了解各种音频设备的外观（收音机、留声机、录音机、CD 机）。

（2）了解留声机唱片、录音带、激光唱片的特性。

（3）用同一音频放大器、音箱分别播放不同的唱片、磁带。

（4）比较收听各种声音的区别。

四、实践总结并撰写实践报告

实践四　利用计算机检修电视机

一、实践目的

（1）了解计算机在电子电器（电视机）检修中的作用。

（2）了解电视机检修的方法。

（3）了解利用计算机进行测量的方法。

二、实践形式

利用计算机，结合测量软件对电视机进行检修。

三、实践过程

（1）了解计算机应用软件的特点。

（2）了解计算机测量用的器件。

（3）了解要测量的电视机的测量点特性。

（4）连接测量器件和计算机。

（5）找到要测量电视机的测量点。

（6）利用测量器件进行测量。

（7）利用计算机对测量结果进行分析。

（8）得出正确分析结论。

四、实践总结并撰写实践报告

实践五　利用计算机网络进行文件传输

一、实践目的

（1）了解计算机网络的特性。

（2）了解利用计算机进行文件传输的过程。

（3）了解利用计算机进行文件传输的应用。

二、实践形式

在计算机教室（计算机应当是局域网连接），在教师指导下对指定文件进行传输。

三、实践过程

（1）打开计算机，进行常规检测。

（2）对计算机教室内的局域网进行检测（检查连接是否正常）。

（3）选择传输方式。

（4）进行点对点的文件传输。

（5）进行点对面的文件传输。

（6）对所传输的文件进行检查。

四、实践总结并撰写实践报告

实践六　计算机的组装

一、实践目的

（1）了解计算机的主要硬件。

（2）了解计算机各个硬件之间的连接方法。

（3）了解计算机组装的正确程序。

二、实践方式

教师在实验室演示实践。

三、实践过程

（1）准备计算机的各个硬件及连线。

（2）了解各个硬件的作用和特性。

（3）了解连线插件的连接方式和方法。

（4）确定组装的正确程序。

（5）按照组装程序进行正确组装。

四、实践总结并撰写实践报告

实践七　计算机局域网的应用

一、实践目的

（1）了解计算机局域网组成的主要硬件。

（2）了解计算机局域网各个硬件之间的连接方法。

（3）了解计算机局域网的软件设置方法。

二、实践方式

在校园计算机局域网上进行。

三、实践过程

（1）准备计算机网络的各个硬件及连接线。

（2）了解各个硬件的作用和特性。

（3）了解连接线的连接方式和方法。

（4）连接好计算机局域网（下面实践可在虚拟网络中进行）。

（5）安装计算机局域网软件。

（6）对计算机局域网的协议进行必要的设置。

（7）设置网络之间的文件夹共享。

（8）在计算机局域网中打开、传递文件。

四、实践总结并撰写实践报告

电视机的英文标记意义

英文标记	意义	英文标记	意义
AERIAL	天线	H PHASE	行相位
AFC	自动频率控制	MOTE	消音
AUTO OPC	自动亮度控制	OPC INDICATOR	自动亮度控制指示
BAND SWITCH	波段选择开关	OPC SENSOR	自动亮度控制光传感器
BRIGHTNESS	亮度调节	POSITION INDICATOR	频道指示
CHANNEL	频道选择	REMOTE CONTROL	遥控
CONTRAST	对比度调节	SOUND TONE	音调调节
COLOUR	彩色调节	U（UHF）	超高频 13～57 频道
FINE TUNING	微调	V$_L$（VHF-L）	甚高频 1～5 频道
FRESH	色度调节	V$_H$（VHF-H）	甚高频 6～12 频道
H HOLD	行同步		

录像机的英文标记意义

英 文 标 记	意 义	英 文 标 记	意 义
VHS	简称 V 型录像机；俗称大 1/2 录像机	REC	录像键
BEAT	简称 p 型录像机；俗称小 1/2 录像机	RECORD/EDIT	录像/编辑
U-MATIC	简称 U 型录像机；俗称 3/4 录像机	AUDIO MONITOR SELECTOR	伴音监听选择器
AC IN CONNECTOR	交流电源输入插座	AUDIO MONITOR JACK	伴音监听插孔
AC POWER CORD	交流电源线	AUDIO MONITOR OUTPUT	伴音监听输出
AERIAL IN	天线输入	AUDIO OUT	音频线路输出
AERIAL OUT	天线输出	AUTO EDIT	自动编辑
INPUT SELECTORS	输入选择钮	AUDIO OUTPUT	音频输出声道
（TV/VTR/LINE） INPUT SIGNAL SELECTOR	（电视/录像/线路）输入信号选择器	CHANNEL SELECTOR	选择器
INSERT MODE LAMPS	插入方式灯	BAND SELECT	波段选择
HEADPHONES JACK	立体声耳机插孔	BUTTON	按钮
AUDIO DUBING BUTTON	音频复制键	BRIGHTNESS CONTROL	亮度控制
AUDIO IN	音频线路输入	CAMERA CONNECTOR	摄像机连接器
AUDIO LEVEL CONTROLS/METERS	伴音电平控制/电表	CASSETTE COMPARTMENT	录像带盒仓
AUDIO LIMITER SWITCH	音频限幅开关	CHANNEL INDICATING METERS	频道指示器
COLOR CONTROL	彩色控制	CHANNEL SELECT BUTTON	频道选择按钮
COLOR FRAMING	彩色成帧开关	CHROMA LEVEL	色度信号电平

续表

英 文 标 记	意　　义	英 文 标 记	意　　义
COLOR LOCK ADJUSTER	彩色锁定调整；彩色锁相控制；色同步调节	REMOTE（REM）	遥控
COLOR MODE SELECTOR	彩色模式选择	REMOTE COMMANDER	天线遥控（盒）
CONTRAST CONTROL	对比度调节	REMOTE CONTROL	遥控（按钮）
DUBBING MODE SELECTOR	复制选择	RESET	录像带计数器复零
DUB IN CONNECTOR	复制输入插座	REVERSE	后退
DUB OUT CONNECTOR	复制输出插座	REW	倒带（键）
FM OUT	调频输出	RF CONNECTOR	射频插座
FRAMES	（电视、录像图像的）帧	RF OUTPUT CONNECTOR	射频输出连接器
FRAMING SWITCH	成帧键	SEARCH	（节目）搜索（按钮）
EAR PIECE SOCKET	耳机插孔	SERVD LOCK	伺服锁定
EDIT BUTTON	编辑按钮	SKEW CONTROL	倾斜控制旋钮
LINE IN JACKS	线路输入插孔	SLOW MOTION	慢动作及其指示灯
LINE OUT JACKS	线路输出插孔	SOUND VOLUME CONTROL	音量控制旋钮
MAINS LEAD	电源线	SPEECH PLAY	倍速重放按钮及指标灯
MANUAL	手控	STAND BY	准备键
MEMORY SWITCH	记忆开关	STAND BY LAMP	准备或等待工作指示灯
MIC IN JACKS	话筒输入插孔	STILL	静止
MODE SELECT	工作方式选择	STOP	停止
MONITOR	监听	SWITCH	开关
NORMAL	正常方式	TV SYSTEM SELECTOR	电视制式选择器
EJECT	起弹键	TV/TAPE SELECT	电视/录像转换开关
PAUSE	暂停键	VCR	盒式录像机
F FWD	快进（键）	VTR	磁带录像机
PICTURE CONTROL	图像控制	VERTICAL HOLD CONTROL	场稳定控制钮

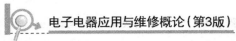

续表

英 文 标 记	意 义	英 文 标 记	意 义
PICTURE SEARCH	图像搜索	VIDEO IN CONNECTOR	视频输入插座
PLAY	放像键	VIDEO OUT CONNECTOR	视频输出插座
POWER SWITCH	电源开关	TIMER REC MODE	定时录像方式
PROGRAMME SELECT BUTTON	程序选择按钮	TAPE COUNTER	录像带计数

电话机上常见的英文标记及其意义对照表

英文标记或符号	意　义	英文标记或符号	意　义
ALARM	闹铃	MUTE	静音
ANSWER（缩写 ANS）	应答	ON/OFF	通/断
ANTE MERIDIEM（缩写 AM）	上午	PAGE	检索
AUTOMATIC DIAL	自动拨号	PAUSE	暂停、延迟
BATTERY	电池	POSTMERIDIEM（PM）	下午
CALL	呼叫	POWER	电源
CHECK	检测	PROGROM	编制程序
CHARGE	充电	PULSE/TONE（P/T）	脉冲/双音频
CORDLESS PHONE	无绳子电话机	RECALL（R）	记忆发出
DIALING MODE	拨号方式	RECORD（REC）	录音
DISPLAY PHONE（LCD）	液晶显示电话机	REDIAL	重发
FLASH	闪跳	RELEASE	解除
EMERGENCY CALL	紧急呼叫	REPEAT	复位
FIRE	火警	RESET	重设、挂机
HANDFREE（H-FREE）	免提	RINGER（HI/LO）	铃声（高/低）
HOLD	保持	RUBBER ANTENIA	橡皮天线
INDEX	索引	SAVE（或 STORE）	储存
IN USE	在用、通话	SPEAKER-PHONE	扬声器通话
KEY	锁	TALK/STAND	通话/等候
LOW BATTERY	电池电压不足	TELESCOPIC ANTENNA	拉杆天线
MEMORY	记忆	TIMER	计时器
MICROPHONE（MIC）	话筒	TIMESET	时间调整
MULT-FUNCTTON PHONE	多功能电话机	VOLUME（VOL）	音量

电子产品牌号及其生产厂家对照表

牌 号	厂 家	牌 号	厂 家
CASIO	卡西欧（日）	GRUNDIG	根德（西德）
TOSHIBA	东芝（日）	GE	美国通用电气公司
HITACHI	日立（日）	GRUNDIG	格隆迪希公司（西德）
AIWA	爱华（日）	TIANHONG	天虹
NATIONAL	松下（日）	TOHO	东宝
AKAI	阿凯	STANDARD	标准牌
PIONEER	先锋（日）	SEIMENS	西门子（西德）
CONIC	康力（香港）	PHILIPS	飞利浦（荷兰）
SONY	索尼（日）	HEWLETTPACKARD	惠普公司
SANYO	三洋（日）	XEROX	施乐公司
SHARP	夏普（日）	VICTORIA	维多利亚
CROWN	皇冠	MAGRA	那格拉（瑞士）
CONTEC	康艺	NEC	新日电公司
GRAETZ	佳丽	JVC	日本胜利公司
GOLD STAR	金星（韩）	TRIO	天乐
TEAC	台笙（东京电声公司）	INTERNATIONAL	国际牌

纸张幅面规格尺寸

规　　格	幅度/mm	长度/mm	规　　格	幅度/mm	长度/mm
A0	841	1 189	B0	1 000	1 414
A1	594	841	B1	707	1 000
A2	420	594	B2	500	707
A3	297	420	B3	353	500
A4	210	297	B4	250	353
A5	148	210	B5	176	250
A6	105	148	B6	125	176
A7	74	105	B7	88	125
A8	52	74	B8	62	88

几种视频显示器的性能比较

特性 \ 类型	直观式 CRT 彩电	CRT 投影电视	LCD 投影电视	DLP 投影电视	PDP 显示器
画面尺寸（in）	24～30	前投式：67～160 背投式：42～64	67～144	67～144	43～60
宽高比	4:3	可变	5:4 4:2	4:3	16:9
恢复尺寸要求	不要	不要	要	要	要
分辨率*（16×9）	640TVL（典型值）	7in 640TVL 8in 750TVL 9in 1 000TVL	1 024×768 576TVL 1 365×1 024 768TVL	1 280×768 576TVL	1 028×768 720TVL
光输出**（16×9）	30～50 英尺-朗伯（白色峰值电平）	150～410 ANSI 流明	450～1 600 ANSI 流明	450～1 800 ANSI 流明	100 英尺-朗伯（白色峰值电平）
黑电平	极佳	极佳	较差	较好	较差
色彩还原性	较好	良好到极佳	较差到较好	极佳	良好
画面的几何性	较差到较好	较好	极佳	极佳	十分完美
可听到噪声否	无	几乎无	少许到几乎无	少许到几乎无	无
造价	相对低廉	较贵	较贵	较昂贵	较昂贵

注：*，TVL（清晰度线数）为测定视频显示器水平分辨率的尺度。水平分辨率乃指在宽度等于画面高度的区间所能够区分出来的交变的垂直线的总数。

  **，彩色显像管的亮度，用英尺–朗伯（Ft-L）表示。对于投影电视，通常因光输出将随屏幕大小及增益而变，故改用 ANSI（美国国家标准局）规定的流明数表示。对大多数的投影电视，最低亮度的典型值对白色峰值电平说来皆为 10 英尺–朗伯。

投影机常见术语

CRT（Cathode Ray Tube） 阴极射线管，一种最常见的传统显示技术。

LCD（Liquid Crystal Display） 液晶显示，一种流行的显示技术。

DLP（Digital Light Processing） 数字光线处理，由美国 TI 公司开发的一项新型显示技术。

ANSI 流明（ANSI Lumens） 采用 ANSI 标准的 9 点测试方法得出的投影机产品亮度值的单位为 ANSI 流明。

亮度（Brightness） 显示设备输出的图像的光线强度。

屏幕纵横比（Aspect Ratio） 显示设备中显示图像的横向尺寸与纵向尺寸的比例，最常见的为 4:3，目前的高清晰度电视和一些新型显示设备采用了 16:9。

对角线屏幕尺寸 一种表示屏幕尺寸的方法。

数字显示接口（Digital Visual Interface） 一种全数字化的显示接口，用于连接数字化显示设备。

图像反转（Invert Image） 投影机在背投或吊顶时需要将图像反转，在屏幕上才能得到正常的图像显示。

梯形失真调节（Keystone Correction） 采用光学或软件方法对投影图像角度问题产生的梯形失真进行校正。

激光指针（Laser Pointer） 一种专门的或附加在遥控器中的能够发射激光束、用以指示屏幕内容的激光发射器。

最大/最小距离（Maximum/Minimum Distance） 投影机能够正常聚焦和显示图像时，投影机与屏幕之间的最大/最小距离。

最大/最小图像尺寸（Maximum/Minimum Image Size） 投影机能够显示的最大/最小图像尺寸，一般用对角线尺寸表示。这个指标由投影机的光学变焦性能决定。

金属卤化物灯泡（Metal Halide Lamp） 在一些中高档投影机和便携类投影机中广泛使用的灯泡，其寿命一般在 1000～2000h。

背投（Rear Screen Projection） 使用背投幕，投影机和观众分别在屏幕的背面和正面。

S-Video 一种视频信号传送标准。

TFT（Thin Film Transistor） 薄膜晶体管。
VGA 640×480
SVGA 800×600
XGA 1 024×768
SXGA 1 280×1 024
SXGA 1 600×1 200

反侵权盗版声明

电子工业出版社依法对本作品享有专有出版权。任何未经权利人书面许可，复制、销售或通过信息网络传播本作品的行为，歪曲、篡改、剽窃本作品的行为，均违反《中华人民共和国著作权法》，其行为人应承担相应的民事责任和行政责任，构成犯罪的，将被依法追究刑事责任。

为了维护市场秩序，保护权利人的合法权益，我社将依法查处和打击侵权盗版的单位和个人。欢迎社会各界人士积极举报侵权盗版行为，本社将奖励举报有功人员，并保证举报人的信息不被泄露。

举报电话：（010）88254396；（010）88258888

传　　真：（010）88254397

E-mail：　dbqq@phei.com.cn

通信地址：北京市万寿路 173 信箱

　　　　　电子工业出版社总编办公室

邮　　编：100036